カラー口絵 ── 本書付属シミュレータの特徴と操作例

この「カラー口絵」では，本書付属CD-ROMに収録したシミュレータの特徴と操作例を解説しています．なお，このシミュレータのインストールについては，巻末の付録「本書付属シミュレータの説明」を参照ください．また，本シミュレータのバージョン・アップ版がCQ出版Webサイトよりダウンロードできます．

① 2自由度PID制御などの多彩なシミュレーション機能

このシミュレータでは，通常の「偏差PID制御」のほか，「測定値微分先行型PID制御」や「2自由度PID制御」など，現存するすべてのPID制御のシミュレーションが行えます．

「位置型」，「速度型」，「本質継承」[注1]の切り替えも可能です．

制御対象の特性変更，外乱伝達関数特性の変更もパラメータを変更することで自由に行えます．

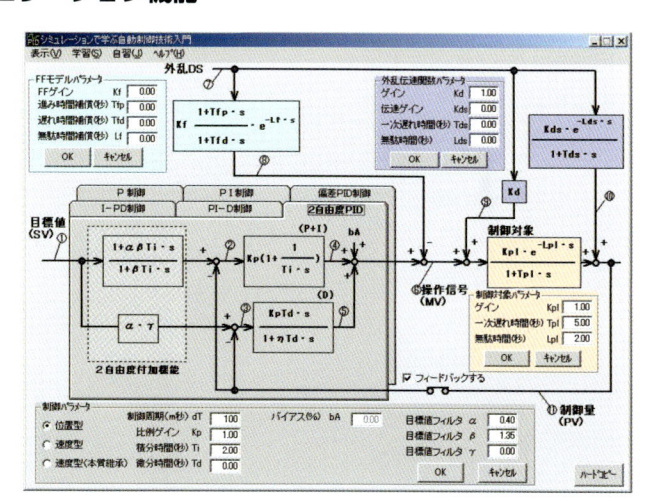

② 工業計器タイプのコントローラ・パネル

コントローラ・パネルは，実際に工業計器で使用されているタイプで，モード変更，手動操作，設定値変更をマウスまたはキーボードで行えます．

設定値，操作出力，外乱は，マウス・ドラッグで滑らかに設定変更できるほか，設定変更したい位置をマウス・クリックすることでステップ変化も可能です．

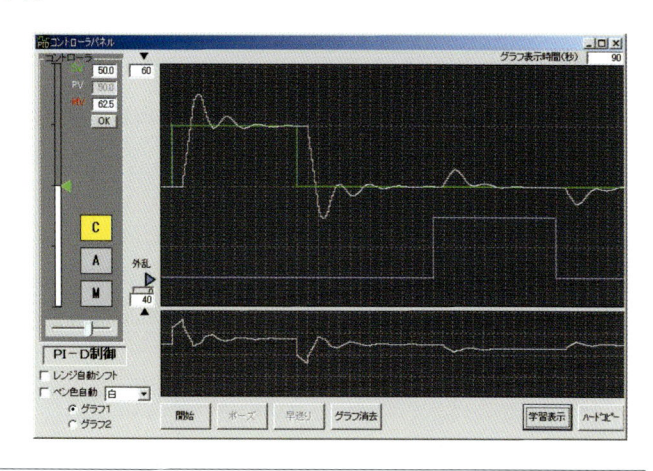

注1：本書の第7章でくわしく説明している．

③ 本文テキストに沿ってシミュレーションを行う学習機能

「Enterキー」を押すだけで，本文テキストに沿ってシミュレータのパラメータ設定や操作を自動的に進めてくれる「学習機能」があるので，シミュレータの操作やパラメータの設定方法を覚えなくても学習を進めることができます．

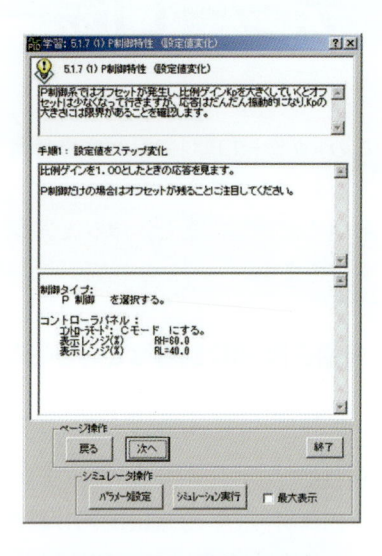

3.1 本質継承の有効性をわかりやすく学習できる

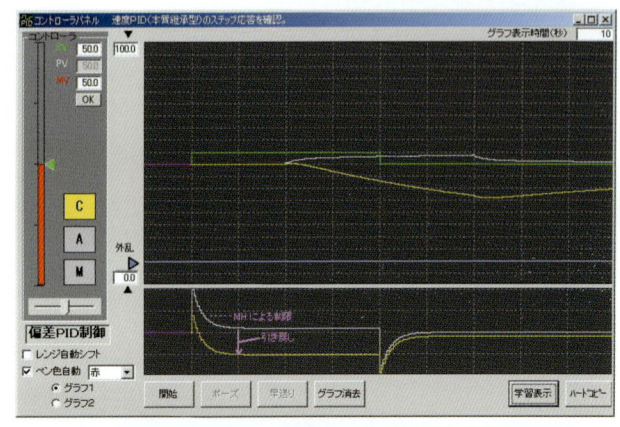

3.2 PIDパラメータの調整方法を学習できる

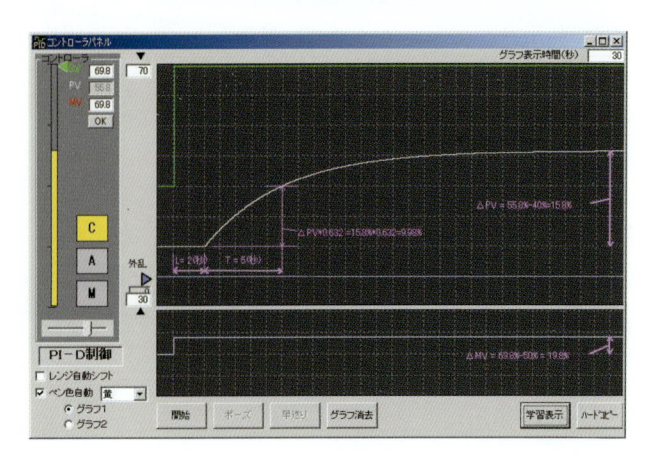

3.3 2自由度PIDの有効性をわかりやすく学習できる

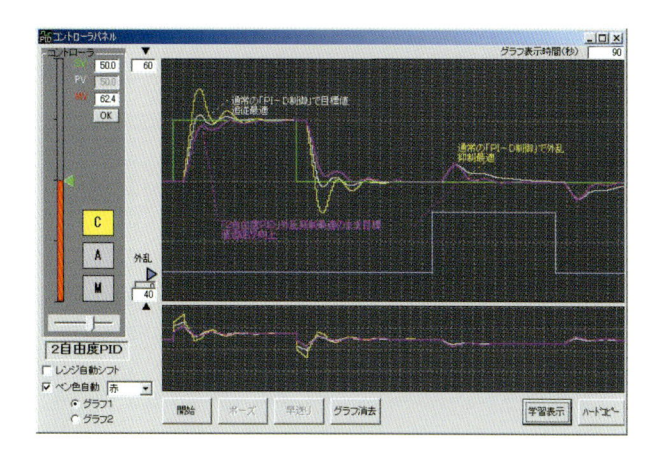

3.4 フィードフォワード制御の有効性をわかりやすく学習できる

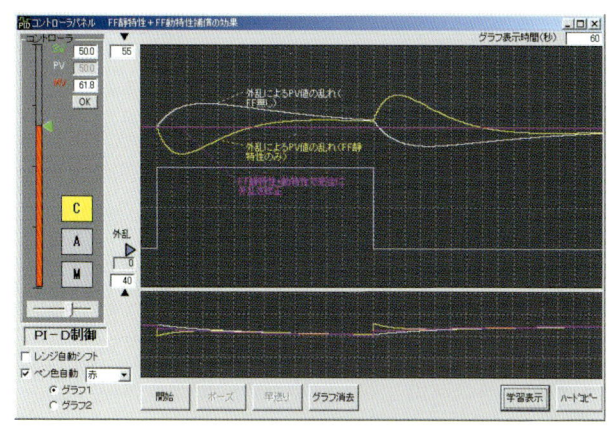

④ ペン・レコーダ機能

シミュレータの内部の動作信号をペン・レコーダに記録・表示できます.

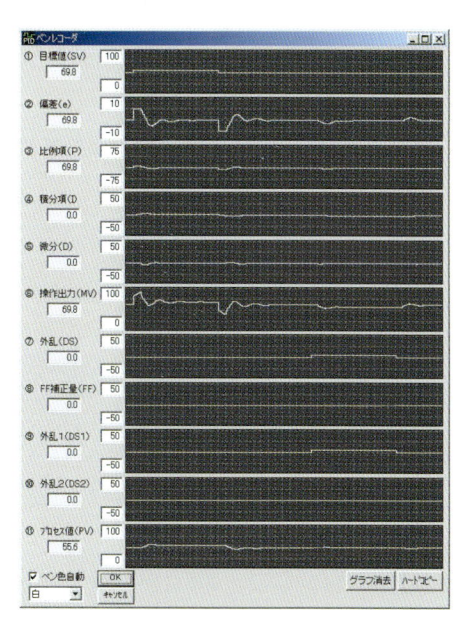

カラー口絵 ── 本書付属シミュレータの特徴と操作例

⑤ 設定値・外乱の折れ線設定機能

Cモード時[注2]は，設定値および外乱を折れ線設定で指定したとおりに自動で可変できます．

滑らかなランプ状の折れ線のほか，同じ時刻でステップ変化させることもできます．

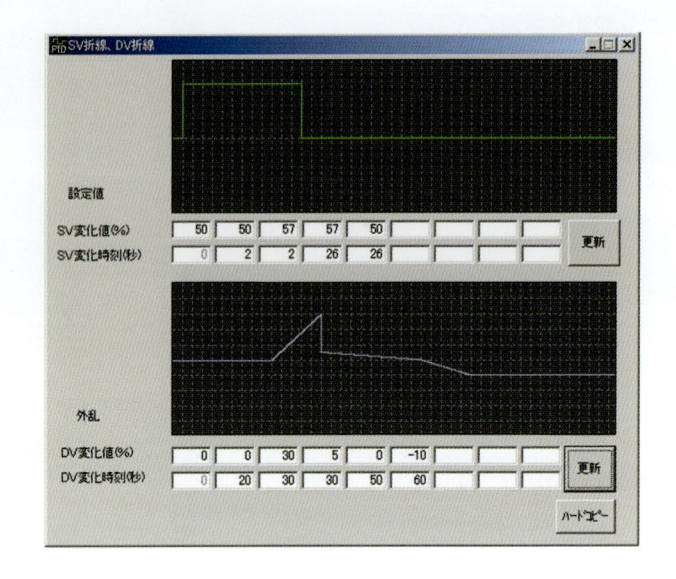

⑥ 自分独自のシミュレーション結果を保存・再現できる自習機能

自分独自のオリジナルのシミュレーションを行ったときのパラメータをコメント付きで記憶保存します．また，複数の手順を順次記憶できるため，学習機能と同様に自分独自のシミュレーション手順を再現できます．

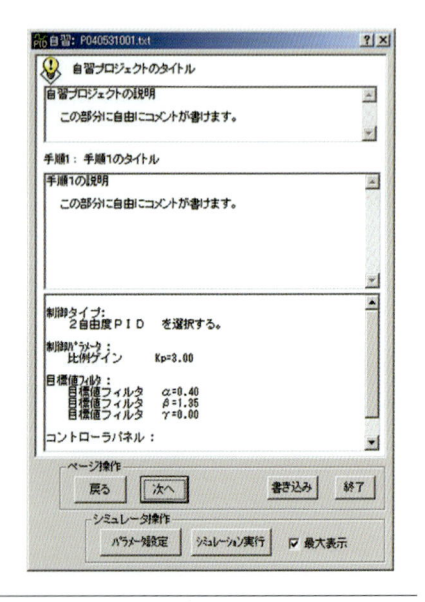

注2：コントローラの操作モードで，工業計器では一般的なもの．次のものがある．
- Mモード：手動(Manual)モード…制御出力を手動で操作する．
- Aモード：自動(Auto)モード…PID制御などで制御出力を自動で操作する．
- Cモード：カスケード・モード…制御出力はAモードと同じだが，目標値の設定に上位の装置からの出力を使用する．

通常は，PIDコントローラを2段直列に接続するか，上位コンピュータからの指令を目標値に使用する．今回は，目標値を折れ線で変化させ，その目標値を使用する場合はCモードとしている．

カラー口絵 ── 本書付属シミュレータの特徴と操作例

MC SERIES Measurement&Control
計測・制御シリーズ

PID制御/ディジタル制御技術を基礎から学ぶ

シミュレーションで学ぶ自動制御技術入門

広井 和男・宮田 朗 共著

CQ出版社

はじめに

　制御とは，制御すべき対象（例えば湯沸かし器）があって，この制御対象の中の所望の制御量（湯沸かし器出口の湯温度）が希望する値（目標値：例えば42℃）になるように操作量（ガス流量）を調整し続けることです．

　現在では，一般家庭の湯沸かし器，エアコン，電気冷蔵庫などから，製鉄所，石油コンビナート，食品工場，火力・原子力発電所や人工衛星打ち上げにいたるまで，あらゆる分野に制御技術が深く入り込み，単独または複雑に組み合わされて，非常に重要な役割を果たしています．もはや現代社会は制御なしには成り立たなくなっているといっても過言ではありません．したがって，それぞれの運転性能を向上する場合には，制御技術の適用の仕方，組み合わせおよびその高度化が大きな影響を及ぼし，その成否を左右することになります．

　しかし，この制御技術がよく理解され，正しく使用されているとはいい難い状況にあります．そこで，本書ではもっとも広く使用され，圧倒的シェアをもっているPID制御を中心に，PID制御がもっている，外乱に弱いという原理的限界を補完するFF（Feed Forward）制御について，焦点を当てて詳しく説明します．この二つの制御技術を目的に応じて，自由自在に使いこなせることができれば，ほとんどの要求を満たすことができます．

　制御に関するコンサルティングをしていると，PID制御を一つの固定構造で適用して，それで目的に合う制御ができないと「PID制御はダメだ」との烙印を押してしまっている事例によく遭遇します．これではPID制御がかわいそうです．やはり制御対象の特性や制御の目的に合うようにPID制御を変形・加工して適用することが必要です．

　「すべてに適用できるものは，すべてに最適ではない」という名言があります．このことは制御の世界で圧倒的シェアをもっているPID制御についても，「PID制御はすべての制御に適用できるが，PID制御はすべてに最適ではない」といえます．これは従来，PID制御の構造や本質を理解しないままブラック・ボックス的に適用してきたことに起因していると思います．

　そこで本書では「PID制御はすべてに適用できるうえに，PID制御がすべてに最適になるように変形・加工して個別最適化を可能にする」レベルに達することを最大の狙いとして説明を展開します．

　第1章では制御の役割，広がり，重要性などについて，第2章では制御とは何か，制御の歴史や自動制御の例について，第3章では自動制御システムの構成について，第4章では自動制御システムをブロック線図で表現する方法について，第5章ではPID制御基本式はどのようにして生まれたかの本質部分について，第6章では生まれたままの理想PID制御から実用PID制御がどのような必要性から生まれたかについて，第7章ではPID制御をどのようにしてディジタル化するかのディジタル制御の実際について，第8章では制御系の応答と制御性評価について，第9章ではPIDパラメータの各種調整方法について，第10章ではPID制御の個別最適化の切り札としての2自由度PID制御について，第11章ではより

進んだアドバンスト制御の意味，概要，現状や動向について解説したのち，アドバンスト制御の代表例として，PID制御の外乱に弱いという原理的限界をブレークスルーするフィード・フォワード(FF)制御について，という順序で説明します．

　PID制御とFF制御の説明の中では，シミュレーションを組み入れて，理論に基づく動きを体感・確認しながら，理解を深めるように構成しています．

　本書によって，読者の皆さんが制御の全体像とその基盤となっているPID制御とFF制御の理解を深め，とりわけ，PID制御については，正しく理解し，個別最適化をして適用できるレベルに達して，制御装置の設計，調整やシステム応用ならびにそれらの高度化に少しでも貢献できれば，筆者にとってこれにすぐる喜びはありません．

2004年9月　著者

目　次

カラー口絵　　本書付属シミュレータの特徴と操作例
はじめに ……………………………………………………………… 3

第1章　現代社会と制御技術 ……………………………… 11
1.1　日本の工業力と制御技術 …………………………………… 11
1.2　プラント運転制御システムとIT化と制御技術の関係 ……… 12
1.3　基盤制御技術と本書の基本コンセプトについて …………… 13

第2章　自動制御/フィードバック制御の世界 ………… 15
2.1　制御とは ………………………………………………………… 15
2.2　手動制御とフィードバック(FB)制御 ………………………… 15
2.3　制御の過去，現在，将来 …………………………………… 17
　　2.3.1　制御の歴史 …………………………………………… 17
　　2.3.2　PID制御の誕生と発展 ……………………………… 18
　　2.3.3　PID制御の現在とこれから ………………………… 19
　　2.3.4　PID制御の位置付けと特徴 ………………………… 20
　　2.3.5　多用される制御技術とは …………………………… 20
2.4　自動制御の例 ………………………………………………… 21

第3章　自動制御システムの構成 ……………………… 23
3.1　手動制御から自動制御へ …………………………………… 23
　　3.1.1　加熱炉出口温度の手動制御 ………………………… 23
　　3.1.2　手動制御から自動制御へ …………………………… 24
　　3.1.3　自動制御の必要性 …………………………………… 25
3.2　自動制御系 …………………………………………………… 25
　　3.2.1　制御対象 ……………………………………………… 26
　　3.2.2　検出器 ………………………………………………… 26
　　3.2.3　調節計 ………………………………………………… 30
　　3.2.4　操作端 ………………………………………………… 30

第4章　自動制御システムとブロック線図 …………… 33
4.1　ブロック線図の構成要素 …………………………………… 33

4.2 構成要素のブロック線図表現 ………………………………… 33
4.3 自動制御系のブロック線図表現 ………………………………… 34
4.4 多変数システム …………………………………………………… 35

第5章 PID制御基本式はどのようにして生まれたか ……… 37

5.1 P(比例)制御 ……………………………………………………… 37
   5.1.1 P制御の基本的考え方 ………………………………………… 37
   5.1.2 P制御における偏差eと操作出力との関係 ………………… 37
   5.1.3 P制御系の制御特性 …………………………………………… 38
   5.1.4 P制御の限界(オフセットの発生) …………………………… 39
   5.1.5 P制御でオフセットが発生するメカニズム ………………… 40
   5.1.6 P制御の使い方 ………………………………………………… 43
   5.1.7 シミュレーションによるP制御特性の確認 ………………… 43
5.2 PI(比例+積分)制御 ……………………………………………… 44
   5.2.1 オフセットを除去するには …………………………………… 44
   5.2.2 P制御の強さとI制御の強さの関係付け …………………… 45
   5.2.3 PI制御における偏差eと操作出力との関係 ……………… 46
   5.2.4 PI制御の制御特性とオフセットの除去 …………………… 46
   5.2.5 PI制御でオフセットが除去できるメカニズム …………… 47
   5.2.6 PI制御の使い方 ……………………………………………… 50
   5.2.7 シミュレーションによるPI制御特性の確認 ……………… 50
5.3 PID(比例+積分+微分)制御 …………………………………… 50
   5.3.1 PI制御に欠けているもの:D動作 ………………………… 50
   5.3.2 P制御の強さとD制御の強さの関係付け ………………… 52
   5.3.3 PID制御における偏差eと操作信号との関係 …………… 53
   5.3.4 PID制御の制御特性 ………………………………………… 53
   5.3.5 PID制御の使い方 …………………………………………… 54
   5.3.6 シミュレーションによるPID制御特性の確認 …………… 54

第6章 理想形PIDから実用形PIDへ ……………………………… 55

6.1 ラプラス変換(Laplace transformation)のあらまし ………… 55
6.2 PID制御の伝達関数表現 ………………………………………… 57
6.3 PID制御基本式の実用上の問題点 ……………………………… 58
6.4 理想形PIDから実用形PIDへの工夫 …………………………… 59
   6.4.1 1次フィルタの挿入 …………………………………………… 59
   6.4.2 具体的1次遅れフィルタの形式 ……………………………… 59
   6.4.3 PID制御の二つの実用形態 …………………………………… 60

6.4.4　完全微分と不完全微分の比較 …………………………………… 62
　　6.4.5　PIDパラメータ値の相互変換 …………………………………… 62
6.5　偏差PID制御から実用形態への工夫 ………………………………… 63
　　6.5.1　偏差PID制御の問題点 …………………………………………… 63
　　6.5.2　測定値微分先行形PID(PI-D)制御 …………………………… 65
　　6.5.3　測定値比例微分先行形PID(I-PD)制御 ……………………… 65
6.6　副作用対策 ……………………………………………………………… 66
6.7　制御対象とPID制御動作の選定 ……………………………………… 67
　　6.7.1　流量，圧力の制御 ………………………………………………… 67
　　6.7.2　水位(圧力)の制御 ………………………………………………… 68
　　6.7.3　温度，成分制御 …………………………………………………… 68
6.8　PID制御と人間の制御思考との類似性 ……………………………… 68
　　6.8.1　判断方法 …………………………………………………………… 69
　　6.8.2　変化への対応 ……………………………………………………… 69
6.9　PID制御のまとめ ……………………………………………………… 70

第7章　ディジタル制御の実際 …………………………………………… 71

7.1　アナログからディジタルへ …………………………………………… 71
　　7.1.1　アナログとディジタルの特徴 …………………………………… 71
　　7.1.2　ディジタル化の歴史 ……………………………………………… 71
　　7.1.3　ディジタル制御系の概念 ………………………………………… 73
　　7.1.4　ディジタル系での信号表現 ……………………………………… 73
7.2　ディジタル変換法 ……………………………………………………… 74
　　7.2.1　ディジタル系への変換 …………………………………………… 74
　　7.2.2　位置形演算と速度形演算 ………………………………………… 75
　　7.2.3　ディジタル変換法 ………………………………………………… 75
　　7.2.4　実用偏差速度形ディジタルPID演算式 ………………………… 79
　　7.2.5　実用測定値微分先行形ディジタルPID演算式 ………………… 79
　　7.2.6　実用測定値比例微分先行形ディジタルPID演算式 …………… 79
　　7.2.7　制御出力波形 ……………………………………………………… 80
7.3　本質継承・速度形ディジタルPID制御演算方式 …………………… 81
　　7.3.1　従来形速度形ディジタルPIDコントローラの問題点 ………… 82
　　7.3.2　PIDの本質継承のための基本原則 ……………………………… 84
　　7.3.3　本質継承・速度形ディジタルPID制御演算方式の構成 ……… 86
　　7.3.4　従来形と本質継承形の応答比較 ………………………………… 87
　　7.3.5　まとめ ……………………………………………………………… 89

第8章　制御系の応答と制御評価指標 ····················· 91
8.1　制御系の基本機能 ····················· 91
8.2　制御特性の評価指標 ····················· 92
8.2.1　制御系の応答波形に基づく定量的評価指標 ············· 92
8.2.2　偏差の積分値に基づく定量的評価指標 ················ 94
8.2.3　制御系の応答波形に基づく視覚的評価指標 ············· 95

第9章　PIDパラメータの調整方法 ····················· 97
9.1　制御対象の特性表現 ····················· 97
9.1.1　1次遅れ系の特性表現 ················ 97
9.1.2　2次遅れ系以上の特性表現 ················ 97
9.2　ジーグラー・ニコルスの最適調整法 ················ 99
9.3　その他の最適調整法 ····················· 101
9.4　微調整 ····················· 102
9.5　具体的なPIDパラメータの決定と調整 ················ 103
9.6　制御対象の特性変化への対応 ················ 106
9.7　実用調整法 ····················· 106
9.7.1　実用調整法の必要性 ················ 106
9.7.2　実用的調整法 ················ 107
9.8　ディジタルPIDコントローラ調整上の留意点 ··············· 108

第10章　PID制御の2自由度化 ····················· 111
10.1　2自由度化の必要性 ····················· 111
10.1.1　外乱抑制最適と目標値追従最適の両立 ··············· 111
10.1.2　PID制御の個別最適化 ················ 113
10.2　2自由度PIDの生い立ち ····················· 113
10.3　2自由度PID制御の具体例 ····················· 114
10.3.1　P動作のみの2自由度PID制御 ················ 114
10.3.2　PD動作のみの2自由度PID制御 ················ 116
10.3.3　完全2自由度PID制御 ················ 117
10.4　まとめ ····················· 121
10.5　シミュレーションによる2自由度PID制御特性の確認 ········ 121

第11章　アドバンスト制御 ····················· 123
11.1　アドバンスト制御の意味 ····················· 123
11.2　アドバンスト制御の適用メリット ····················· 124
11.3　アドバンスト制御の現状 ····················· 125

- 11.4 アドバンストPID制御 ……………………………………… 126
- 11.5 FF（フィードフォワード）/FB（フィードバック）制御 ……… 127
  - 11.5.1 フィードバック制御の原理的限界 ……………………… 128
  - 11.5.2 FB制御の限界を乗り越えるには ………………………… 129
  - 11.5.3 FF制御モデル $G_F(s)$ の導出 ……………………………… 130
  - 11.5.4 実際のFF制御モデル ……………………………………… 130
  - 11.5.5 分離形ディジタルFF/FB制御方式 ……………………… 132
  - 11.5.6 FF/FB制御の効果 ………………………………………… 133
  - 11.5.7 FF制御の応用例 …………………………………………… 134
  - 11.5.8 FF/FB制御のまとめ ……………………………………… 135
  - 11.5.9 シミュレーションによるFF/FB制御特性の確認 ……… 136
- 11.6 FF/FB制御に不可欠なカスケード制御 …………………… 136
  - 11.6.1 一般の制御系の問題点 …………………………………… 136
  - 11.6.2 カスケード制御の構成 …………………………………… 137
  - 11.6.3 カスケード制御の目的 …………………………………… 137
  - 11.6.4 FF/FB制御との組み合わせ ……………………………… 138
- 11.7 FF/FB制御の非混合型プロセスへの応用 ………………… 139
  - 11.7.1 プロセスの区分 …………………………………………… 139
  - 11.7.2 非混合プロセスとは？ …………………………………… 139
  - 11.7.3 非混合型プロセスに適したFF/FB制御方式は？ ……… 140
  - 11.7.4 FF/FB制御方式の非混合型プロセスへの応用 ………… 140
  - 11.7.5 具体的な機能ブロック構成 ……………………………… 142
- 11.8 FF/FB制御の混合型プロセスへの応用 …………………… 142
  - 11.8.1 混合プロセスとは？ ……………………………………… 143
  - 11.8.2 混合型プロセスに適したFF/FB制御方式は？ ………… 144
  - 11.8.3 FF/FB制御方式の混合型プロセスへの応用 …………… 144
  - 11.8.4 加熱炉出口温度制御式の導出 …………………………… 145
  - 11.8.5 具体的機能ブロック構成 ………………………………… 146
  - 11.8.6 ゲイン・スケジューリング形FF/FB制御方式の基本機能構成 ……147

付録　本書付属シミュレータの説明 …………………………… 148
- 1. 動作環境とインストールに関して …………………………… 148
- 2. シミュレーション・プログラムの起動準備 ………………… 149
- 3. シミュレーション・プログラムの起動 ……………………… 150
- 4. メイン画面の操作説明 ………………………………………… 151
- 5. コントローラ・パネルの操作説明 …………………………… 157
- 6. SV折線，DV折線の操作説明 ………………………………… 161

7. ペン・レコーダの操作説明 ・・ 163
　　　8. ハードコピー画像の操作説明 ・・・・・・・・・・・・・・・・・・・・・・・・・・・・・・・・・・・ 163
　　　9. 学習機能の操作説明 ・・ 164
　　　10. 自習機能の操作説明 ・・ 165
　　　シミュレーション事例：目標値追従特性比較 ・・・・・・・・・・・・・・・・・・・・・・・ 168

おわりに ・・ 171
参考文献 ・・・ 172
索引 ・・ 172
著者略歴 ・・・ 175

執筆・開発分担
はじめに，第1章～第11章，おわりに　　　　　　　　　　　　　　広井和男
カラー口絵，シミュレータの開発および付録：本書付属シミュレータの説明　　宮田　朗

第1章　現代社会と制御技術

1.1　日本の工業力と制御技術

　現在の日本では，製鉄所，石油コンビナート，火力・原子力発電所からビール工場にいたるまで，あらゆる製造プラントはあたかも無人工場のように，ごく少ないオペレータによって整然と運転管理され，世界に誇る高品質で均質な製品をフレキシブルに造り出しています．この状況を見ると，だれでも目を見はるに違いありません．この**プラント運転**の裏側には，高度化された制御技術が複雑に組み合わされて，大きな役割を果たしています．

　しかし筆者は，この制御技術の重要性が広く認知されて，相応の評価を受けているとはいえない状況にあると思っています．

　ここで，日本の工業力をマクロな数値でのぞいてみましょう．**図1-1**に示すように，日本は世界の全

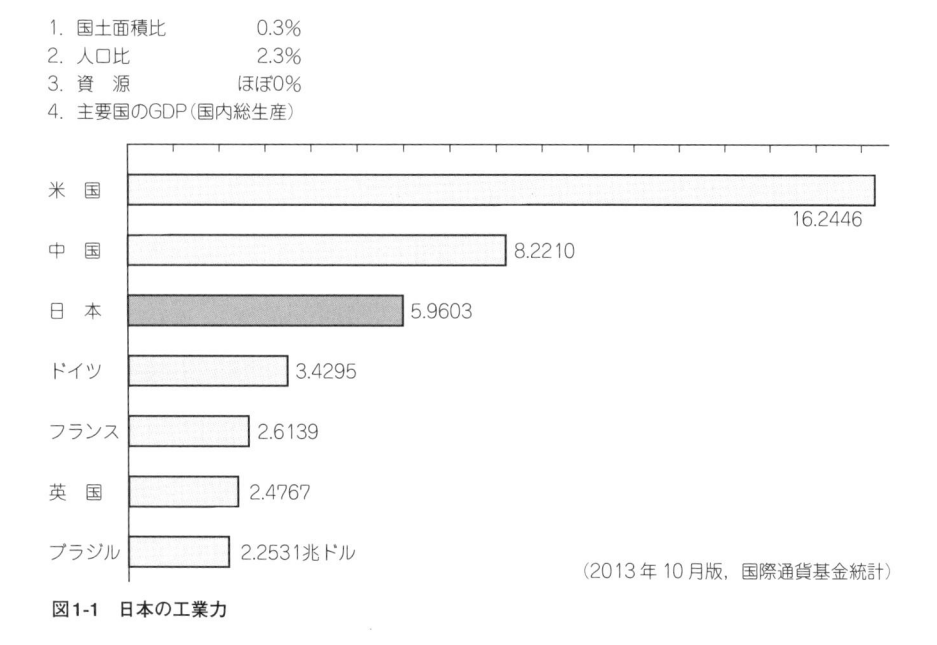

```
1. 国土面積比      0.3%
2. 人 口 比        2.3%
3. 資  源        ほぼ0%
4. 主要国のGDP（国内総生産）
```

国	兆ドル
米 国	16.2446
中 国	8.2210
日 本	5.9603
ドイツ	3.4295
フランス	2.6139
英 国	2.4767
ブラジル	2.2531兆ドル

（2013年10月版，国際通貨基金統計）

図1-1　日本の工業力

面積の0.3％，全人口の約2.3％の規模で，かつ資源をほとんど産出しないため，海外からの輸入に全面的に依存しています．にもかかわらず，2013年のGDP（国内総生産）5.9603兆ドルで，米国，中国に続いて世界第3位になっています．第4位のドイツの1.74倍，第5位のフランスの2.61倍，第6位の英国の2.41倍という驚異的な強さを誇っています．これは世界各地から資源を輸入し，高度化された最先端の製造プラントを駆使して，品質の高い工業製品を大量に生産し，すぐれた材料として，商品として激しい競争に打ち勝って全世界に供給できる強固な工業基盤を確立していることに起因していると考えられます．その基盤を支えている運転管理システムの優劣は，その内部に実装されている制御技術の水準，使い方および組み合せ方によって大きく左右されることになります．

　日本が世界における地位を維持向上させていくためには，制御技術を高度化し続けていかなければなりません．「現状維持，即脱落」となってしまうことを肝に銘じて持続的進化・高度化に取り組まなければなりません．当然のことながら，競合する企業間においては，生き残りをかけた，さらに熾烈な合理化・高度化競争が展開されることになります．

　制御の現場に身を置く者として，この要請に対応するためには，制御技術の全体を俯瞰しながら，制御システムをマクロ的に，ミクロ的に解剖しながら，より正しい，より最適な，より高度な応用を求め続けることが重要であると考えています．

1.2　プラント運転制御システムとIT化と制御技術の関係

　プラント運転全体の生産性を革新して，経営を最適化することを狙って，IT（情報技術）化することが一つの大きな潮流となってきています．図1-2に示すように，製品製造に関する情報を広範囲に取り込んで，全体の状況を把握しながら最適生産・最適経営をめざして推進していくことになります．IT技術は最近急速な発展を遂げ，通信インフラ，ハードウェアおよびソフトウェアなどの各方面から見ても，製造システム全体を十分IT化できるレベルに達し，IT化環境は整備されてきています．しかし，

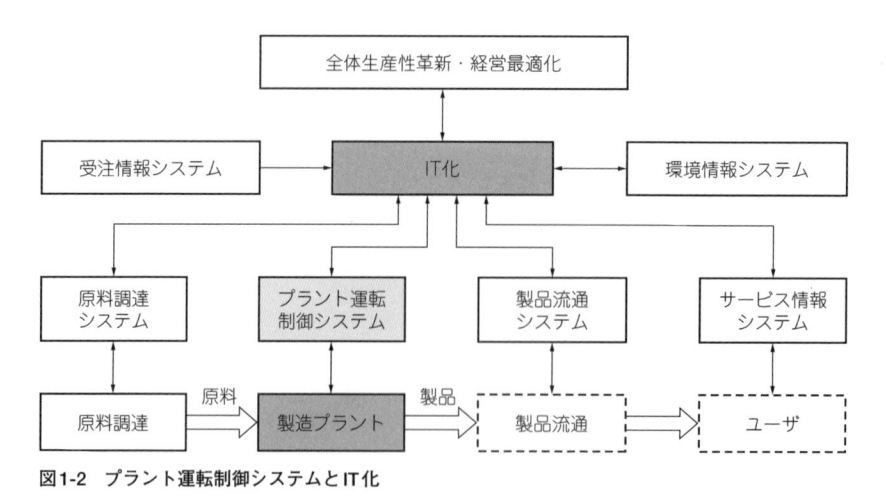

図1-2　プラント運転制御システムとIT化

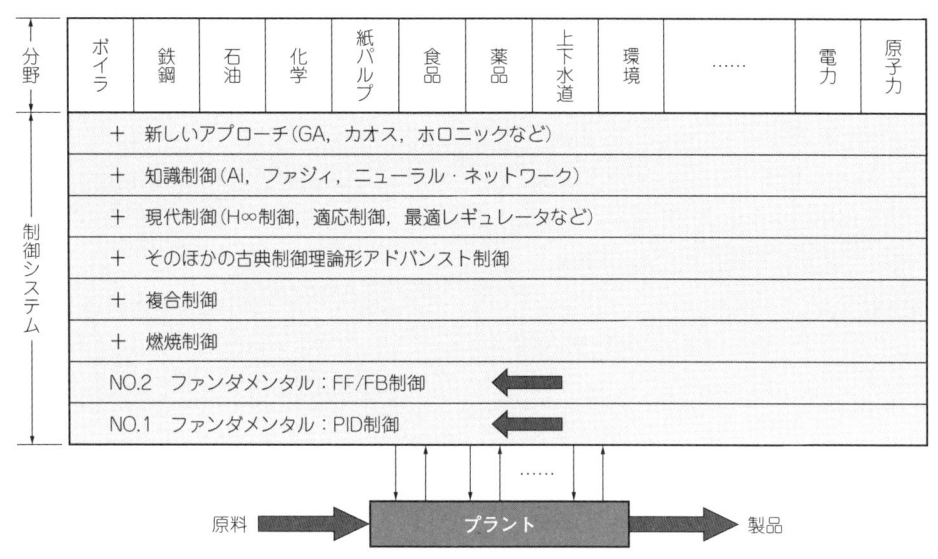

図1-3 プラント運転制御システムの制御機能構成

ただ単にIT化をすれば生産性が革新されるかというと，そんなに甘いものではありません．何といっても，モノを生産する中核はプラント運転制御システムであり，これが需要量に対応して必要な量・品質・コスト・納期で製品が造り出せるという本格的フレキシブル運転レベルに高度化されていなければ，IT化による生産性革新は「砂上の楼閣」となってしまいます．

1.3 基盤制御技術と本書の基本コンセプトについて

現在，このプラント運転制御システムの基盤を支えている制御技術は**図1-3**に示すように，No.1ファンダメンタル制御技術が「PID制御」であり，No.2ファダメンタル制御技術が「FF（フィードフォワード）/FB（フィードバック）制御」です．制御の世界では，この二つの制御技術が圧倒的シェアを占めており，これらを正しく適用し，さらに高度化すれば，プラント運転制御システムをさらに高度化でき，革新することができます．

このような視点に立って，本書では「PID制御」と「FF/FB制御」について，徹底的に解剖し，その生い立ちから最先端までを説明して，本質的理解を深めることができるようにし，「従来のブラック・ボックス的応用から脱却して，制御上のニーズや制約，制御対象の特性などに適合させるように変形・加工し，個別最適化を図って応用するもの」ということを基本コンセプトにして，説明を展開していきます．

第2章　自動制御/フィードバック制御の世界

2.1　制御とは

　制御とは英語のcontrolの訳です．controlの語源はラテン語のcontrarotulareで，contraは「対して」の意で，rotulareは「ロールすなわち巻物」を意味します．controlはこれらの意味を合成したもので「巻物に記載された権威（基準）に照らして，正しいかどうかを判断し，正しくなければ修正する」ということからきています．

　JIS用語では，制御は「ある目的に適合するように，対象になっているものに所要の操作を加えること」と定義されています．つまり，制御すべき対象（制御対象）があって，この制御対象中の所望の温度，圧力，流量，液面，成分，位置，回転数などの制御しようとする量（制御量）が希望する値になるように所要の操作を持続的に加えることが，制御ということになります．

2.2　手動制御とフィードバック(FB)制御

　身近な例をあげて，もう少し制御はどのような機能を実行することかを図2-1に示す湯沸かし器出口の湯温度の制御を例にして考えてみましょう．

　湯沸かし器出口温度を希望の温度にするためには，どのような機能が必要で，どのような操作をすればよいかを分解してみると，次のようになります．
①湯沸かし器出口温度の目標値を設定すること（例えば，目標値40℃）
②制御量を知ること（湯沸かし器出口温度はいま何度になっているか）
③目標値と制御量の差（偏差）を知ること（一致しているかどうか比較すること）
④偏差があれば，偏差をなくすためにはどの程度操作すればよいかを判断し，操作する

　このように"ある定められた目標値に合致するように比較・判断・操作すること"が「制御」ということになります．

　図2-1(a)に示すように，制御量を目標値に一致させるように比較・判断・操作するのが人間である場合を手動制御と呼び，図2-1(b)に示すように人間を介さずに調節計を用いて比較・判断・操作を自動的に行う場合を自動制御と呼びます．

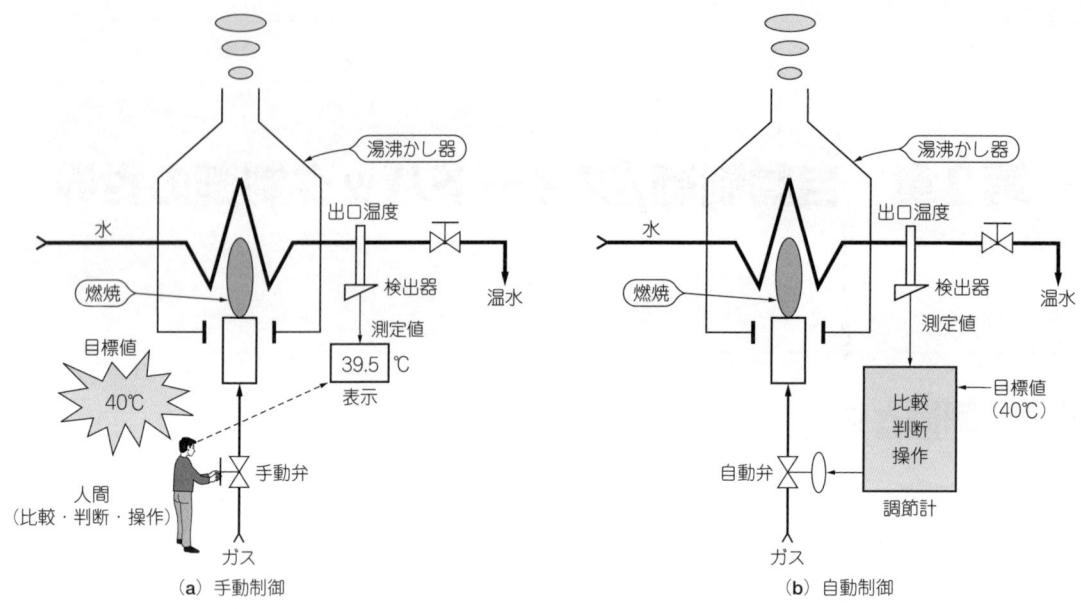

図2-1　湯沸かし器出口温度制御

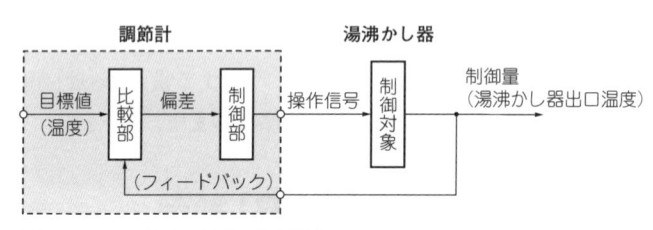

（a）手動制御　　　（b）自動制御

図2-2　フィードバック制御系の構成

図2-1(a)において，情報の流れを追って見ますと，出口温度→温度検出器→表示→目→頭脳(比較・判断・操作)→手→手動弁→ガス流量→燃焼→熱→出口温度というように情報の流れが人間を介して一巡しています．これを「閉ループ(closed loop)制御」と呼びます．またこの例のように制御した効果を測定して，次の制御信号の決定に用いる方法を「フィードバック制御」と呼びます．自動制御におけるフィードバック制御は，図2-1(b)の機能を分解して作成すると，図2-2に示す機能構成をもつことになります．この制御部の制御方式としては，一般的にPID制御が使用されています．

このPID制御については，その生い立ちから最先端まで詳しく説明していきますが，ここでは，説明の流れの都合上から，PID制御基本式はどんなものであるかについて，簡単にふれておきます．

PID制御基本式は(2-1)式あるいは(2-2)式に示すように，現在の偏差eに比例した修正量を

$$y = K_P \left(e + \frac{1}{T_I} \int e\, dt + T_D \frac{de}{dt} \right) \quad \cdots\cdots(2\text{-}1)$$

$$= K_P \cdot e + \frac{K_P}{T_I}\int e\,dt + K_P \cdot T_D \frac{de}{dt} \quad\cdots\cdots\cdots\cdots\cdots\cdots\cdots\cdots\cdots\cdots\cdots\cdots\cdots\cdots\cdots (2\text{-}2)$$

　　　　比例動作　積分動作　　微分動作

y：操作量，e：偏差，K_P：比例ゲイン，T_I：積分時間，T_D：微分時間

出す比例動作(Proportional Action：P動作)と過去の偏差の累積値に比例した修正量を出す積分動作(Integral Action：I動作)と偏差eが増加しつつあるか，減少しつつあるか，その傾向の大きさに比例した修正量を出す微分動作(Derivative Action：D動作)の三つを加算合成したものです．図2-2の制御部として，このPID制御が圧倒的に多数使用されています．

2.3　制御の過去，現在，将来

2.3.1　制御の歴史

　一般に「制御」という言葉を聞くと，複雑・難解な数式を駆使したものとのイメージをもってしまいます．したがって，制御関係は現代科学技術の粋を集めたもので，その歴史は浅いと思われがちですが，実際には長い歴史をもっています．それは，人間がより高度な欲求を求めるという本能に基づくもので，この欲求を実現する制御の歴史は紀元前から始まっています．現在の水洗トイレに使用されている浮き子(フロート)を使った水位調節機構に類似したフィードバック制御機構は，紀元前250年ごろすでにギリシャ人によって，水時計用として利用されていたといわれており，それが現在でも多く使用されています．

　表2-1にPID制御関連の小史を示します．現在の制御技術の起源といわれているのは，時代は約2000年下った1778年にワット(J. Watt)の蒸気機関に初めて適用されたガバナ(flyball governor)による自動回転数制御でした．その原理を図2-3に示します．蒸気機関(制御対象)の回転数(制御量)が低下すると，遠心力が小さくなるため遠心振り子が下がることで，蒸気供給弁(操作端)が開き，蒸気供給量が増加して，回転数が上昇することになるというものです．この制御機構は回転数が設定値からずれると，その偏差に比例して修正動作をする**フィードバック制御系**を構成しています．この制御は比例(P)動作だけのため，比例ゲインを限界まで大きくしても，原理的にオフセット(定常偏差：制御を行っても定常的に残る偏差)が残ってしまうという限界があったものの，蒸気を回転動力に変換して利用する重要な役割を果たし，制御技術の起源といわれています．この時代の技術者はオフセットの除去に注力し，工夫を重ね，結果として積分(I)動作を導入することによってオフセットの除去に成功しました．このガバナの制御動作の力学的研究を行い，安定制御の条件を解明した1868年のマクスウェル(Maxwell)による"On Governor"の論文が制御理論の起源であると位置付けられています．

表2-1 PID制御関連小史

項目	年代	概要，備考など
制御技術の起源	1778	ワット(Watt)蒸気機関の調速機(比例制御)
制御理論の起源	1868	マクスウェル(Maxwell) "On Governor"
PID制御の着想	1922	マイノースキー(Minorsky)
PID調節器の原型	1936	カレンダー(Callender)ら
PID調整則の誕生	1942	ジーグラー(Ziegler)＆ニコルス(Nichols) (PID調節器の本格的普及始まる)
計算機誕生	1946	ENIAC
計算機集中形DDC	1959	テキサコ
現代制御理論	1960	カルマン(R. E. Kalman) (周波数を忘れ，制御理論を科学にした)
2自由度制御系の概念	1963	ホロビッツ(I. M. Horowitz)
ファジィ理論	1965	ザディ(L. A. Zadeh)
モデル予測制御	1960年代後半から	
マイコン分散形DDC	1975	制御のディジタル化元年
知識工学	1977	ファイゲンバウム(Feigenbaum)
H∞制御	1980	
ニューラル・ネットワーク	1986	
CIE統合制御システム	1989	(C：計算機，I：計装，E：電気制御)
遺伝アルゴリズム	1990	
ポスト現代制御理論	1990	(設計指標は周波数領域，設計手法は状態空間法)
ライトサイジング・システム	1995	(パソコン化，オープン化，ディファクト化)
制御技術の現状	2004	依然としてPID制御が90％以上を占めている PID制御の見直し，高度化が盛ん

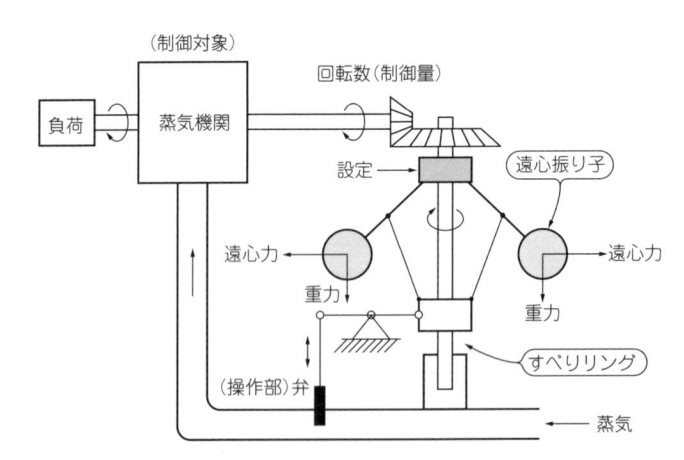

図2-3 蒸気機関の自動回転数制御の原理

2.3.2 PID制御の誕生と発展

　20世紀に入った1922年にマイノースキー(Minorsky)が，現在でも制御の圧倒的シェアを維持している**PID制御**を発想しています．ラプラス変換などの制御特性を解析する数学的手段のない時代にワット

蒸気機関の回転数制御のP動作に，オフセットを除去する機能をもつI(積分)動作を付加し，さらに制御量の変化を予測して先行抑制する機能をもつD(微分)動作を付加した完全なPID制御を，どのようにして発想したのかは明らかではありません．多分，これは兵器の性能や工業高度化の強いニーズの圧力を受けて，工夫に工夫を重ねている過程でひらめいたに違いありません．

1936年米国テイラー(Taylor)社のカレンダー(Callender)らによって空気式でPID調節器の原型が作り出されました．しかし，PIDパラメータ値をどのように決定し，調整すればよいかが不明であったため，ほとんど使用されませんでした．そこで，営業技術部にいて売れないため困っていたジーグラー(Ziegler)が，技術開発部のニコルス(Nichols)に働きかけて，PIDパラメータの最適調整法の開発に取り組みました．空気式PID調節器を改造して，むだ時間と時定数をもった制御対象モデルを作ってPID調節器と組み合わせ，実験に実験を重ねました．ついに1942年にジーグラー&ニコルス(Ziegler & Nichols)によって，画期的で実用的なPIDパラメータの調整則(限界感度法およびステップ応答法)が提唱(J. G. Ziegler, N. B. Nichols, "Optimum Settings for Automatic controllers", *Trans..ASME*, 64, pp.759～768, 1942)されました．これらの調整則は実験的に求められたもので，理論的根拠は明確でなかったのですが，PIDパラメータの求め方が容易でかつ有効だったため，PID制御の普及に大きく貢献することになりました．

2.3.3 PID制御の現在とこれから

ディジタル制御時代の現在でも，このPID制御が制御全体の90％以上の圧倒的シェアを維持して，これを超える制御技術の誕生を許さないのは「シンプルな構成で，ほとんどの制御対象に対して有効であり，わかりやすい制御技術」であることに起因していると考えます．現在も，PID制御の見直し，高度化が盛んに行われており，PID制御で理論付けられる領域が広がってきています．PID制御はわずかP(比例)，I(積分)，D(微分)の3項で構成されているものの，その特性や挙動がすべて解明されて全貌がわかっているとは決していえません．

今後，PID制御の本質部分，ディジタル化にともなう問題，調整方法，セルフ・チューニングおよびほかの機能と組み合わせてPID制御の限界を越えていく方法の追求など，取り組まなければならない課題が多く残っています．

実際のPIDコントローラについて，**写真2-1**に示します．これは一体形PIDコントローラです．一体形とは，表示部，操作部，設定部および演算部が一つのケースに実装されたもので，小規模なシステムに適しています．これに対し分離形は，表示部，操作部，設定部と演算部とが分離して設置され，表示部，操作部，設定部は一般的にCRTコンソールに収納されて，CRTオペレーションで集中監視・制御・操作します．したがって，中・大規模のシステムに適しています．

(a) 外観　　　　　　　　　　　　　　(b) 前面パネル

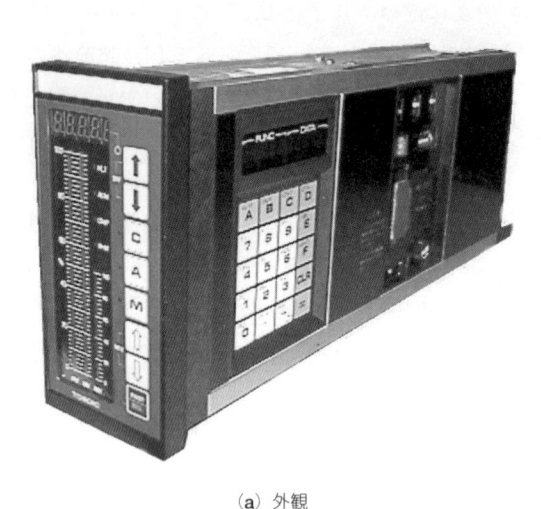

写真2-1　実際のPIDコントローラ

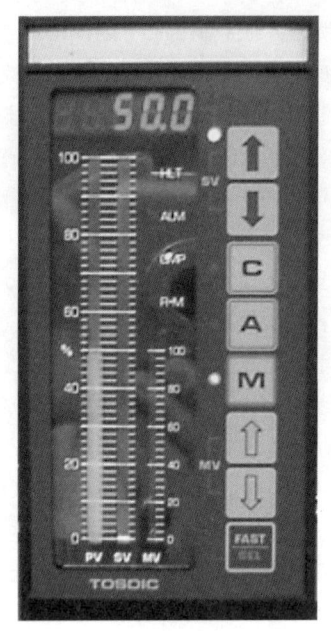

2.3.4　PID制御の位置付けと特徴

PID制御の位置付けとその特徴などをまとめると，次のようになります．

① 制御全体の90％以上の圧倒的シェアをもつ，シンプルで，有効で，かつわかりやすい制御方式です．
② 比例(P)，積分(I)，微分(D)という3種の動作がプロセス工業などに現れる大部分の対象に対して，十分な調整能力をもっており，その物理的意味が明確で，調整が容易です．
③ シンプルな構成で，長い歴史をもっているものの，未解明な部分が残っています．
④ 最近，解明が進んで，PID制御で理論付けられる範囲が広がっています．
⑤ プラント運転制御システムの性能を向上させる基本は，まず基盤となっているPID制御の本質を理解し，正しく適用することです．必要ならばPID制御を変形・加工し，さらに他の機能と組み合わせて高度化を追求するのが本筋であると考えています．

2.3.5　多用される制御技術とは

新しい制御技術/理論が次々に誕生してくる中で，実際の現場で多用されるものはどのような要件をもつものでしょうか．筆者は制御技術/理論の歴史から得られる知見およびプロセス制御の長い体験から，実際の現場で多用される制御技術とは「人間が行う必要な制御行動を数式化，自動化したもの」であるという一つの持論をもっています．そのおもな理由は，このような制御技術はシンプルで，有効で，かつわかりやすくて異常になったときに勘が働き，対応が容易であるという現場で必要とされる要件を

具備しているからであると考えています．PID制御技術は多用されるもののトップ・モデルととらえており，本書の説明はこのような流れに沿って進めていきます．

他方，制御対象には個別性があるため「すべてに適用できるという汎用性のある制御技術はすべてに最適ではない」ということもまた真理です．したがって，PID制御自体の個別対応への変形ならびに「PID制御+a」という構成でPID制御の限界打破や個別最適化への挑戦を怠ってはなりません．

2.4 自動制御の例

現代社会は自動制御なしでは成り立たなくなっています．ここで，マクロ的に自動制御がどのような対象に，いかに使われているかを大別すると，図2-4に示すように分けられます．制御の目的や操作の仕方から見ますと，図2-4に示す各種制御対象によって，千差万別です．しかし，制御対象の制御しようとする量（制御量）をどのように制御するかという視点から見ると，大きく二つに分けられます．一つは，各種の装置や設備の温度，圧力，流量，液面，成分などの制御量を，所定の値に保つことに制御の目的が置かれた定量的自動制御です．この場合は，フィードバック制御が基本で，必要に応じてフィードフォワード制御も組み合わせて併用されます．

もう一つは，あらかじめ定められたシーケンス（操作順序）にしたがって，制御対象の状態を自動的に操作を行うことに制御の目的が置かれたもの，つまり状態だけを取り扱う定性的自動制御です．これらの自動制御はいろいろな制御対象で明確に区別されるケースもありますが，実際には，制御が高度化されればされるほど，両者が複雑に組み合わされていくことになります．

図2-4の①では，一連の工程において制御対象の中のプロセス量と呼ばれている温度，圧力，流量，液面，成分などの量を所要の値に維持することが制御の目的となっているため，定量的自動制御が主体になっています．これらの制御は**プロセス制御**と呼ばれ，**フィードバック制御**が基本となっていますが，応答速度を改善するために**フィードフォワード制御**も多く併用されています．またプラント運転を自動

①製鉄所，化学工場，製紙工場，発電所などの装置工業や，上下水道，ゴミなどの処理設備

（制御量の量的な値を取り扱う「定量的自動制御」が主体）

②自動車，航空機，船舶，ロボットなどの移動体

（「定量的自動制御」が主体）

③自動車，機械などの製造工程に代表される自動加工・組み立て工程

（制御対象の状態だけを取り扱う「定性的自動制御」が主体）

④エアコン，電気炊飯器，電気洗濯機などの家電製品

（「定量的自動制御」と「定性的自動制御」が併用）

図2-4　自動制御対象の区分と制御技術

的にスタートアップ/クローズ・ダウンさせる場合や所定の時間ごとに1回の操業が終わるプロセス（バッチ・プロセスと呼ぶ）では定性的自動制御，つまりシーケンス制御が使用されます．

②の移動体では，移動体の位置，姿勢・方向・移動速度などを，自動的にまたは人間が設定する値に忠実にしたがわせるのが制御の目的で，定量的自動制御が使用されます．このような制御を**サーボメカニズム**(servomechanism)と呼びます．サーボはラテン語の奴隷を表わす言葉から作られた用語です．サーボメカニズムは，制御対象が①のプロセス制御とは異なりますが，定量的自動制御の技術的内容はほぼ同じです．

③の自動加工，組み立て工程で使用される自動制御技術はプロセス制御やサーボメカニズムと異なり，制御対象の状態を操作する定性的自動制御，つまりシーケンス制御が主体となります．

④の家電製品の場合は，内容的にはシンプルですが，定量的自動制御および定性的自動制御を組み合わせたものが多くなっています．とりわけ，最近では省エネ・快適・美味さなどの視点からいろいろな工夫が行われて，きめこまかで複雑な制御が使用される傾向にあります．

本書では，定量的自動制御の中で，フィードバック制御の代表としてPID制御を中心として解説したのち，このフィードバック制御の原理的限界を打破するフィードフォワード制御についても説明します．

第3章　自動制御システムの構成

3.1　手動制御から自動制御へ

3.1.1　加熱炉出口温度の手動制御

　第2章の説明では，わかりやすくするために，どこの家庭にもある湯沸かし器出口温度制御の例を取り上げて説明しました．今後は湯沸かし器をそのままスケール・アップした産業用加熱炉出口の流体温度制御を代表例として，説明を進めていきます．

　図3-1(a)に加熱炉出口温度の手動制御の構成を示します．原料を加熱炉に入れて燃焼熱により加熱炉出口温度を80℃に加熱しようとする場合を考えてみましょう．

　そのためには，まず出口温度を温度検出器で測定し表示します．制御する人はこの表示を見て，目標値80℃と比較して差がいくらあるかを確認し，この差をゼロにするにはどれくらい手動弁を操作して

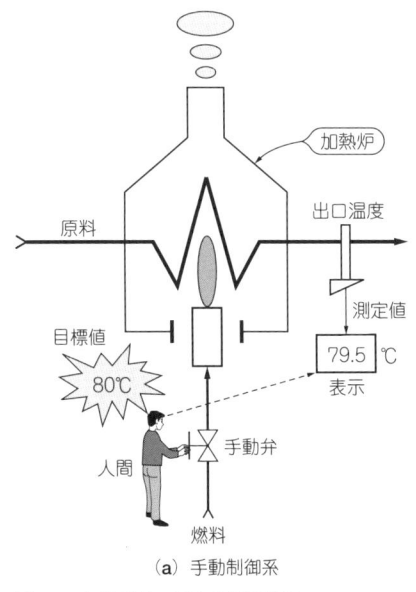

図3-1　加熱炉出口温度の手動制御

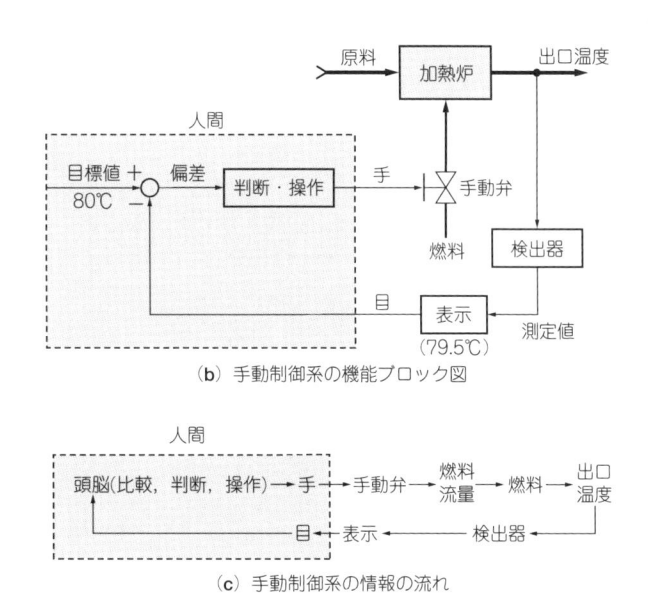

燃料流量を増減させればよいかを判断して手動弁の開度を増減させます．その操作の結果を再び加熱炉出口温度表示を見て確認し，差があれば差がゼロになるように判断して手動弁を操作します．目標値と測定値の差がゼロ，つまり目標値＝測定値となるまで，この動作を繰り返します．この人間の動作を機能ブロックで表現したものを**図3-1(b)**に示します．さらに手動制御の情報の流れを**図3-1(c)**に示します．情報の流れは人間を介し一巡しながら制御を実行しています．つまり，フィードバック制御系を構成していることになります．

このようにして，プラントの中の制御しようとする量(制御量)，例えば温度，圧力，流量，液面，成分などを目標値に一致させるように比較・判断し，操作することが「制御」ということになります．これを人間が行うのを「手動制御」と呼びます．

3.1.2 手動制御から自動制御へ

現在のように大規模で複雑化したプラントの合理的な運転は，もはや「手動制御」では実現できなくなっています．その理由としては，人間は1時間や2時間なら神経を集中して制御できますが，24時間から数百～数千時間になると持続的に良好な制御は不可能であること，また一つの事業所で数百～数万か所の制御を実行するには，数百～数千人の操作員が必要になりますが，これはまったく現実的なことではないことなどがあげられます．これを打開するには，「人間」が制御を行う代わりに「機械」によって自動的に実行する「自動制御」にしなければなりません．

プラントの中の制御量を目標値に一致させるように比較・判断し，操作するという制御を人間に代わって調節計を用いて自動的に実行するのを「自動制御」と呼びます．加熱炉出口温度の自動制御の例を

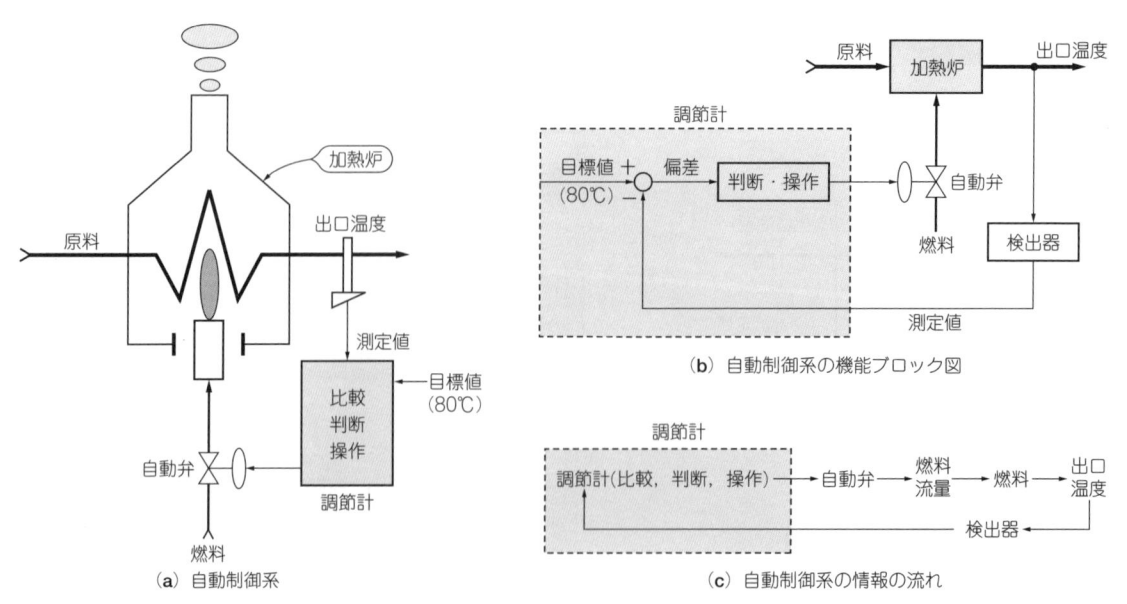

(a) 自動制御系

(b) 自動制御系の機能ブロック図

(c) 自動制御系の情報の流れ

図3-2　加熱炉出口温度の自動制御

図3-2に示します．図3-2(a)に加熱炉出口温度自動制御の構成，図3-2(b)にその機能ブロック構成，図3-2(c)にその情報の流れを示します．

　図3-1に示す手動制御と図3-2に示す自動制御を比べると，手動制御で人間が考えて制御していた内容を，自動制御では調節計が代わって実行することになっています．このときまず問題となるのは，調節計にどのような比較・判断・操作をやらせるかということです．これまでの説明の流れから考えると，調節計で行う制御内容は当然のことながら「人間が行う比較・判断・操作の内容をそのまま数式化したもの」にすればよいということは容易に推測できます．

3.1.3　自動制御の必要性

　前述したように，自動制御はプラント運転には欠くことはできず，非常に重要ではあるものの，プラント運転の目的ではなく，目的を達成するためのあくまでも手段です．プラント運転の目的は，企業の利益が最大となるように与えられた製品をその品質，環境規制や納期を守って，合理的に製造することです．プラント運転の目的を達成するための原点に立ち返って考えてみると，不合理な点があります．本来，プラントのどんなプロセスでも制御が不要となるように設計・製作することが望ましいことです．「この温度が変化するから，一定に温度制御する」などという例が多いですが，これは温度が変化しないように，または温度が変化しても支障のないようにプロセスを設計・製作することが先決問題です．しかし，現実ではプラント敷地面積，立地条件などプラントを取り巻く制約条件や製造プロセス技術の問題などで，このような理想的なプラントをつくることは不可能です．そこで理想のプラントと現実のプラントとのギャップを補完することが自動制御の重要な役割であるといえます．自動制御を導入するおもな目的としては，(1)限界の少人数運転，(2)省資源・省エネルギ，(3)ストックレス化・フレキシブル化，(4)均質化・高品質化・多品種化，(5)設備保護・設備ストレスの低減，(6)環境保全などがあげられます．

　これからの世界を舞台とする激しい競争時代において，企業が永続・発展していくためには，自動制御の絶えざる進化・高度化が必要不可欠となります．

3.2　自動制御系

　制御対象，検出器，制御機器，操作端などを系統的に組み合わせて制御を行う一つの単位を制御系と呼び，とくに制御が自動的に行われる制御系を自動制御系と呼びます．制御系は家庭用のエアコンや電気冷蔵庫などの小型のものから食品，薬品，化学，鉄鋼などの産業プラント，上下水道処理設備，原子力発電所や人工衛星などの巨大規模のものまでさまざまです．そして，その動作，仕組みや複雑さもまた千差万別となっています．ところが，それらを制御する制御系の構成は，基本的にはどの場合でもほとんど同じ構成となっています．ここでは図3-3に示す加熱炉出口原料温度を自動的に制御する，加熱炉出口温度自動制御系について考えてみましょう．

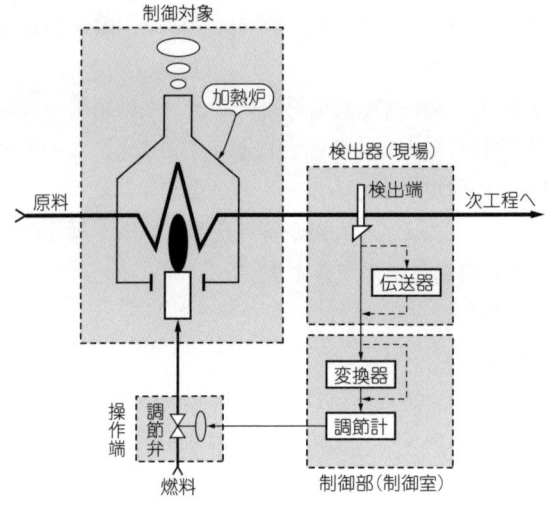

図3-3 加熱炉出口温度自動制御系の構成

3.2.1 制御対象

制御系を構成する場合に，はっきりさせておかなければならないのは"制御する対象は何か"ということです．図3-3の例では，温度を制御したい加熱炉そのものが制御の対象です．このような制御の対象となるものを**制御対象**(controlled system)と呼びます．

3.2.2 検出器

制御対象の加熱炉に属するプロセス変量には，原料流量，加熱炉入口(原料)温度，燃料流量，加熱炉出口(原料)温度などがあります．これらのうち，それを制御することが目的となっている量，この例では加熱炉出口温度を**制御量**(controlled variable)と呼びます．

制御の目的は目標値と制御量の差，つまり偏差をゼロにすることですから，現在の偏差の大きさを知らなければなりません．そのためには，制御量を検出する必要があります．図3-4に示すように検出方式にはさまざまなものがあり，一般的には，検出器はプロセス変量をさらに計測しやすい物理量に変換

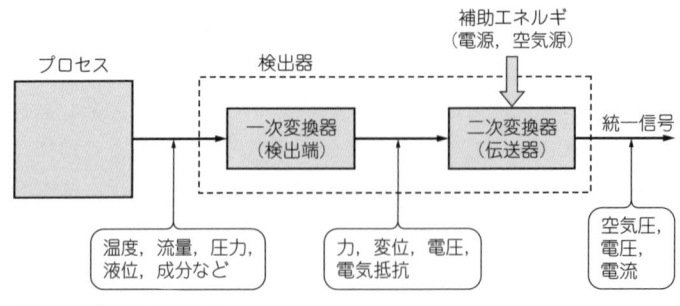

図3-4 制御量の検出方式

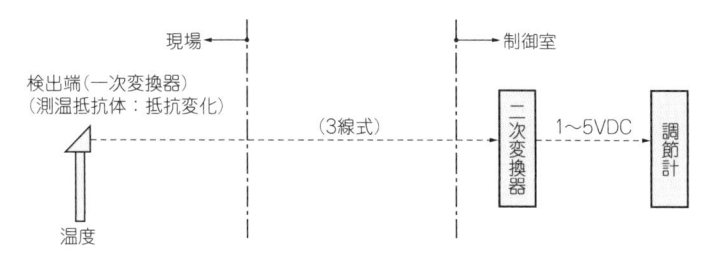

図3-5　測温抵抗体による温度測定と信号伝送

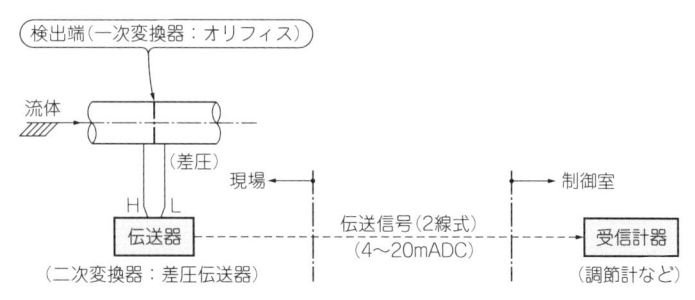

図3-6　差圧式流量測定方法と信号伝送

する機能をもつ検出端または一次変換器と呼ばれるものと，一次変換器の物理量を目的の機能に適した信号に変換する**二次変換器**と呼ばれるものから構成されています．例えば，差圧そのものを直接遠くに伝送すると大きな誤差を生じるので，遠隔伝送に適した信号に変換してから伝送します．このような機能をもつ二次変換器を**伝送器**と呼びます．

産業用プロセス計装では，一次変換器と二次変換器が一体となったものも多く，明確に区分をすることが困難になってきています．

図3-5には，一次変換器は現場に設置され，二次変換器は現場から離れた制御室に設置される場合の温度測定と信号伝送の例を示します．まず温度検出端(一次変換器)で温度を抵抗変化に変換して，3本の電線で制御室に導き，ブリッジを用いて電圧に変換し，一般的に1～5 VDCとして調節計に導いています．**図3-6**には，一次変換器も二次変換器も現場に設置される差圧式流量測定方法と信号伝送のケースを示します．まず流量検出端のオリフィス(一次変換器)で流量の自乗に比例した差圧を取り出し，近くに設置された二次変換器の差圧伝送器に導きます．差圧伝送器で，差圧に比例した直流電流信号4～20 mADCに変換して離れた制御室に伝送します．

（1）統一信号方式とそのメリット

信号を遠くに伝送する場合に，さまざまな形式があると信号の授受が複雑になるため，プロセス計装では電気信号も空気信号も統一信号が使用されています．電気信号の場合には，アナログ信号を誤差なしに長距離伝送するため，直流電流信号が用いられ，耐ノイズ性と消費電力を考慮して，**図3-7**に示す4 mADCのバイアスをもった4～20 mADCのlive zero方式が世界標準となっています．この入力が0%のとき，出力が4 mADCで生きているlive zero方式には，次のようなメリットがあります．

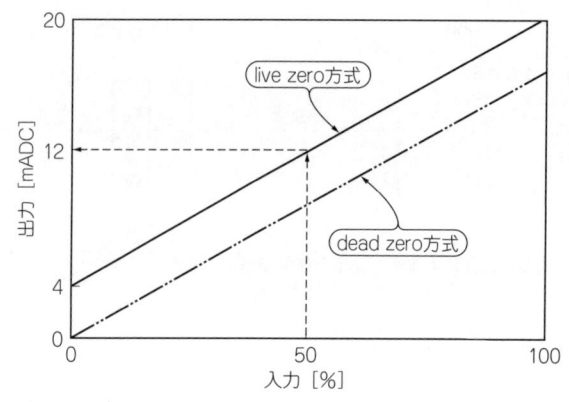

図3-7　統一直流電流方式とlive zero方式

① 電源を供給することができるため，2本の線で電源供給と信号伝送が同時にできる2線式伝送器を実現できる
② 正常なときには，入力ゼロで4mADCの出力が出ていなければならないため，出力が0mADCとなった場合は「異常」ということになる．つまり，「電源断」や「伝送線断線」などの異常検知ができる
③ 調節弁を使用しないときの締切やリーク防止をしたいときには，電流を0mADCとして，調節弁を強制的に締め込むことができる(off balance)

このアナログ電流信号を伝送している2本の伝送線にディジタル信号を重畳して，制御室から遠隔に設置された検出器の各種設定パラメータ変更，診断やメンテナンスなどができる方式も実用化されています．さらに信号伝送として，フィールドバス方式の導入も始まっています．

(2) 統一直流電流信号の受信方法

現場に設置された検出器から伝送された統一直流電流信号4～20mADCを制御室で受信する方法には，電流受信と電圧受信の二つの方法があります．

① 電流受信

図3-8に，圧力伝送器と組み合せたときの電流受信方法を示します．電流受信のために受信計器は直列に接続することになります．一般的に電源電圧としては，24VDCが用いられており，この場合の許

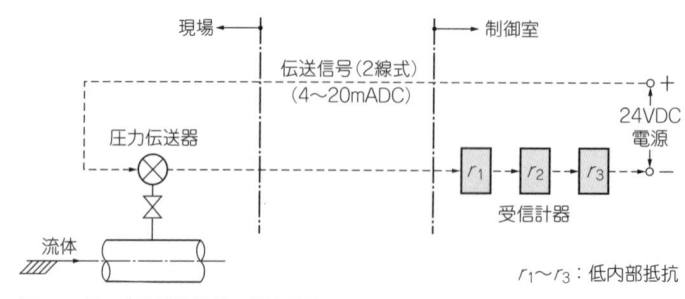

図3-8　統一直流電流信号の電流受信

r_1～r_3：低内部抵抗

容最大負荷抵抗rは600Ω程度が多くなっています．直列接続された受信計器の内部抵抗（r_1～r_3）には次のような制約があります．

$$r \geq (r_1 + r_2 + r_3) \quad \cdots\cdots\cdots\cdots\cdots\cdots\cdots\cdots\cdots\cdots\cdots\cdots\cdots\cdots\cdots\cdots\cdots\cdots\cdots\cdots\cdots\cdots\cdots\cdots (3\text{-}1)$$

つまり，受信計器の内部抵抗の総和が検出器の許容最大負荷抵抗rよりも小さい必要があります．もう一つ注意しなければならないことがあります．それは接地です．受信計器が直列接続されているために，システム全体を考慮してどの部分を接地するかを検討する必要があります．

② 電圧受信

図3-9に，圧力伝送器と組み合わせたときの電圧受信方法を示します．250Ωの精密抵抗に統一直流電流信号4～20 mADCを印加して，1～5 VDCの電圧信号に変換し，並列接続された受信計器に供給することになります．250Ωと並列に接続したことによる分流誤差を小さくするためには，受信計器の内部抵抗が高ければ高いほどが良いことになりますが，並列内部抵抗の合成値Rが(3-2)式を満足していれば，通常は問題ありません．満足しない場合には受信計器の内部抵抗アップや付加誤差の検討をする必要があります．

$$1\,\mathrm{M\Omega} \leq R = R_1 \cdot R_2 \cdot R_3 / (R_1 \cdot R_2 + R_2 \cdot R_3 + R_3 \cdot R_1) \quad \cdots\cdots\cdots\cdots\cdots\cdots\cdots\cdots\cdots\cdots\cdots\cdots (3\text{-}2)$$

電圧受信の場合は，図を見ると明らかなように，1点接地が容易に実現でき，接地には有利な方法です．

③ 信号伝送の現状とこれから

受信計器が指示計だけなどの簡単な場合には，電流受信方法が用いられますが，一般的に，プラントの自動制御系や計装の場合には，電圧受信方法が圧倒的に多く用いられています．2線式のアナログ信号4～20 mADCにディジタル信号を重畳して，制御室から遠隔に設置された伝送器の各種パラメータ設定変更やメンテナンスなどの機能を付加したものが実用になっています．

フィールドバスは現在，まだまだごく少数派ですが，実績を積み重ねながら，普及拡大し，プラント制御のオール・ディジタル時代の到来も近いと予測されます．

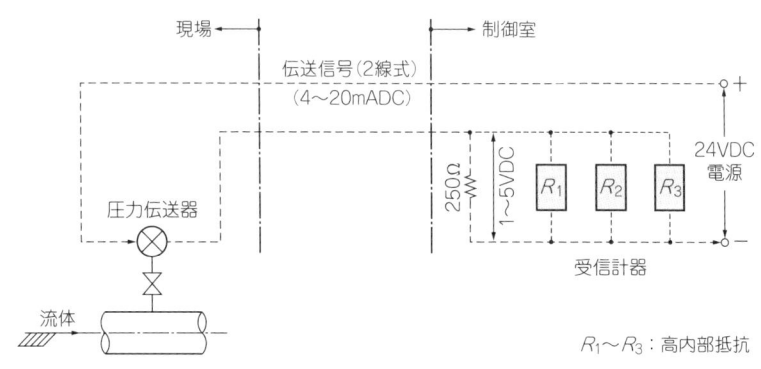

図3-9　統一直流電流信号の電圧受信

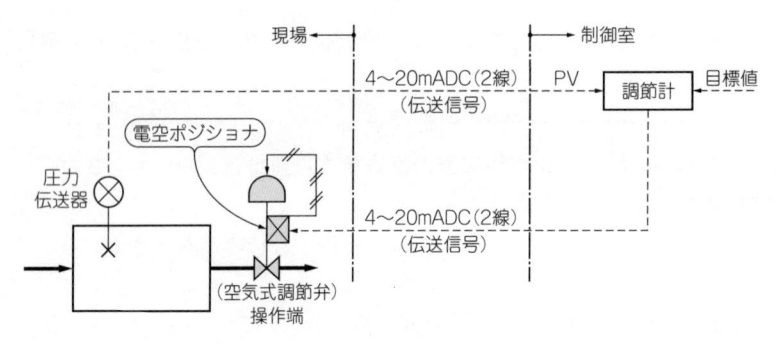

図3-10　空気式調節弁を用いた自動制御系の構成

3.2.3　調節計

図3-10に示すように，調節計は通常，制御室に設置され，目標値と制御量とを比較し，偏差がゼロになるように制御演算し操作信号を出力して必要な修正動作を行うものです．つまり，調節計は自動制御系の頭脳にあたる重要な位置付けのもので，ここにPID制御方式が圧倒的に多く使用されています．このPID制御に関して，どのようにして生まれたか，そしてなぜ現在実用されている形態になったか，さらに調整方法やその限界などの本質的部分について，後の章で説明します．

歴史的に見ると，1936年に空気式PID調節器が誕生してから真空管式→電子式へと変遷し，さらに1975年はディジタル化元年と呼ばれておりマイクロプロセッサを搭載した分散形ディジタル制御（DDC：Distributed Digital Control）時代に入り，1985年ごろになるとほぼ完全にディジタル制御に移行しました．ディジタルPID制御装置は**一体形**と呼ばれる個々に表示操作部と制御部が一体となっていて数ループ処理できる小規模対応のものと，分離形と呼ばれる表示操作部と制御部が分離しており，16～数百個のループを処理できる中大規模対応のものに大別されます．用途やシステム規模に対応して，適正なシステムをフレキシブルに構築できるようになっています．

3.2.4　操作端

操作端とは，調節計からの操作信号を受けて，制御対象に変化を与える装置をいいます．図3-10に，操作端として，空気式調節弁を使用した自動制御系の構成を示します．この調節弁は調節計から与えられた操作信号に応じて弁の開度を増減して流量を調整するものです．空気式調節弁は補助動力として空気圧を用いますが，電気，油圧などを用いるものもあります．プラントの自動制御にもっとも多く使用されている操作端は，弁開度によって抵抗を増減して配管を流れる流体の流量を調整する調節弁（ON-OFF弁を含む）です．おもな操作端としては，空気式操作端（空気式調節弁，空気式駆動機構），電気式操作端（電動弁，可変速電動機，電力制御器など）および油圧式操作端（油圧式調節弁，電油操作器）などがあります．一般に，良好な制御特性を実現するためには，操作端の特性補正をする必要があります．

(1)　調節弁

プロセス制御で多用されている調節弁を取り上げて，考えてみましょう．

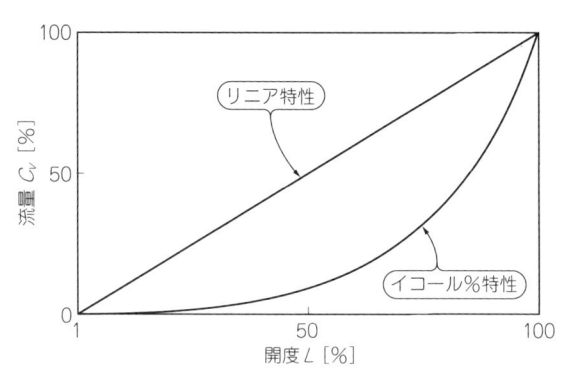

図3-11 調節弁の固有流量特性

流量を調節する場合に，調節計自身の内部制御演算は調節計の操作信号変化に対して，流量は比例して変化することが前提となっています．しかし，調節弁の固有流量特性は**図3-11**に示すようにリニア特性とイコール％特性の2種類しかありません．この弁固有流量特性と千差万別の配管特性を組み合わせた有効流量特性はほとんどの場合，直線(リニア)特性とはならないで，非線形(ノンリニア)となってしまいます．そこで，広範囲にわたり良好な制御特性を得るには，操作信号変化に対する流量変化が直線関係になるように調節計内部で操作端特性補正を行う機能を付加する必要があります．

① C_V 値(C_V value)

C_V 値は，調節弁を全開にしたときに，一定の弁差圧で流し得る流量，つまり調節弁の容量を表す指標です．C_V 値は米国で提案されたもので「60°F(15.6℃)の清水を調節弁の入口－出口間に1 psi(0.07 kgf/cm^2)の差圧をかけて流したときの流量をUSガロン/minで表したときの数値を C_V 値という」と定義されています．

② 調節弁の固有流量特性

これは調節弁の差圧を一定に保ったときの弁開度 L と流量との関係を表わすもので，調節弁には，リニア特性とイコール％特性の2種類があります．リニア特性は(3-3)式に示すように，C_V 値が弁開度 L に比例して変わる特性をもつものです．弁開度 L と C_V 値の関係は**図3-11**に示すように，リニアとなります．

$$C_V = K \cdot L \tag{3-3}$$

他方，イコール％特性は(3-4)式に示すように，C_V 値が弁開度 L に対して対数的(等比率的)に変わる特性をもつものです．弁開度 L と C_V 値の関係は**図3-11**に示すように，対数的となります．

$$\Delta C_V / C_V = k \cdot \Delta L \tag{3-4}$$

③ 調節弁の選定と特性補正について

図3-12に示すように，調節弁とプロセスを接続したときの流量特性を「有効流量特性」と呼びます．この有効流量特性がリニアとなるように，次のように選定・対応します．

(a) プロセスの流量が変化しても，調節弁の差圧がほぼ一定とみなせる場合，調節弁固有流量特性は

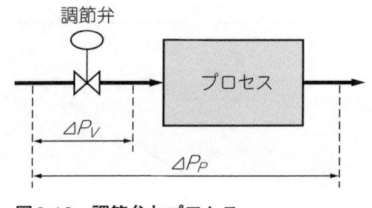

図3-12 調節弁とプロセス

「リニア特性」を選定します．実際のプロセスでは，このようなケースは一般的に少ないです．
(b) 一般的には，プロセス流量が増加すると，調節弁の差圧は流量の自乗に比例して減少するので，有効流量特性がリニア特性となるように調節弁固有流量特性は「イコール％特性」を選定します．
(c) 一般的には，調節弁固有流量特性の選定のみでは，有効流量特性はリニアになりません．そこで，調節計出力から見た総合特性がリニアになるように特性補正をします．

第4章　自動制御システムとブロック線図

4.1　ブロック線図の構成要素

　制御回路や電子回路においては，ある特定の機能を果たす要素または回路の集合を四角い枠で囲んだものを**ブロック**（block：四角い箱）といいます．制御系の構成要素をブロックで示し，ブロックに出入りする矢印付きの信号の流れを表す線を用いて一つの制御系の働きを表すようにしたものを**ブロック線図**（block diagram）と呼んでいます．ブロック線図のおもな構成要素はブロック，信号の流れを示す矢印のついた線，二つ以上の信号の和または差を意味する「加算点」（summing point：図4-1(a)参照），信号の分岐を意味する点であり「•」印で表される「分岐点」（branch point：図4-1(b)参照），二つ以上の信号を掛け合わせることを意味する「掛け合わせ点」（multiplication point：図4-1(c)参照）などがあります．これらの構成要素を用いて，自動制御システムのブロック線図を作成することになります．

4.2　構成要素のブロック線図表現

　制御の分野では，信号の流れとか動作を文章ではなく，ブロック線図を使って，簡潔にわかりやすく表現します．図4-2に制御対象のブロック線図の例を示します．ここでは矢印の方向に注意しなければなりません．操作量と外乱は制御対象に入る方向に矢印が付けられており，制御量には制御対象から出る向きに矢印が付けられています．これは操作量としての燃料流量が制御対象に加わると，制御量である加熱炉出口温度が変化することを表しています．同じように，外乱である原料流量や原料温度が変化したり，あるいは外気温度や燃料発熱量が変わったりして，外部から加わる熱量が変化すると，制御量に影響を及ぼすことをそれらの矢印の方向が示しています．

　システムに関して，入力と出力という用語も使用されることがあります．これはこの信号の流れを示

　　(a)　加算点　　　　　　　　　　　(b)　分岐点　　　　　(c)　掛け合わせ点

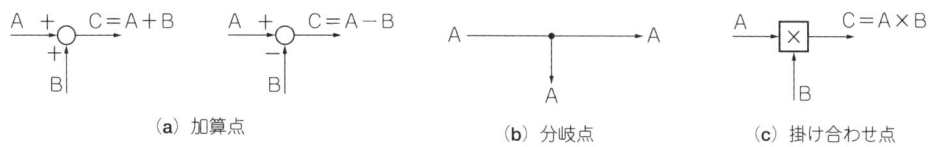

図4-1　ブロック線図の加算点，分岐点，掛け合わせ点

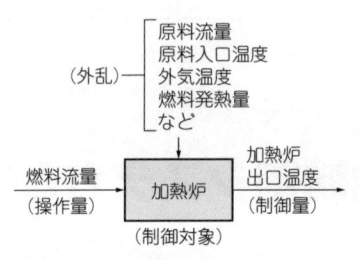

図4-2　ブロック線図で表現した制御対象

図4-3　水槽の水位を制御する場合

す矢印の方向に関係しています．操作量や外乱のように，システムに加わって，その状態を変化させる原因になるものをまとめて「入力」といい，制御量のように入力の影響を受けて，その結果として変化する量を「出力」と呼んでいます．システムの中には，外乱がないケースもあります．例えば，図4-3に示す水槽に水をためる場合を考えてみましょう．制御対象は水槽であり，操作量は水槽に入る流量であり，制御量は水槽の水位です．この場合には，ほかの経路から水槽に水を足したり，または汲み出したりしなければ，操作量以外に制御量を変化させるものはないため，外乱はないと考えてよいことになります．

4.3　自動制御系のブロック線図表現

　ここまで説明した内容を使って加熱炉出口温度制御系のブロック線図を作成すると，図4-4のようになります．調節計には加熱炉出口温度信号が入力されて，目標値との差を取り出し，この差をゼロにするように調節演算して操作信号を操作端の調節弁に出力します．調節弁は操作信号の大きさによって弁開度を変化させて燃料流量を調整します．燃料流量は操作量として，制御対象の加熱炉に加えられて，制御量である加熱炉出口温度を制御します．制御対象には，操作量以外で制御量に影響を与える要因として，原料流量，原料入口温度，外気温度，燃料発熱量などの外乱が入ります．制御量の加熱炉出口温度は検出器で測定されて，調節計に導かれるという構成となっています．このように制御系をブロック線図で表すと，各要素の働きや信号の流れを簡潔にわかりやすく表現することができます．

　制御が行われているシステムは飛行機，人工衛星や食品，薬品，化学，鉄鋼などの産業プラントのような巨大なものから，家庭のエアコンや電気冷蔵庫のような小形のものまで多種多様です．それぞれのシステムが動作する仕組み，大きさや複雑さなどは千差万別です．しかし，それらを制御するシステム

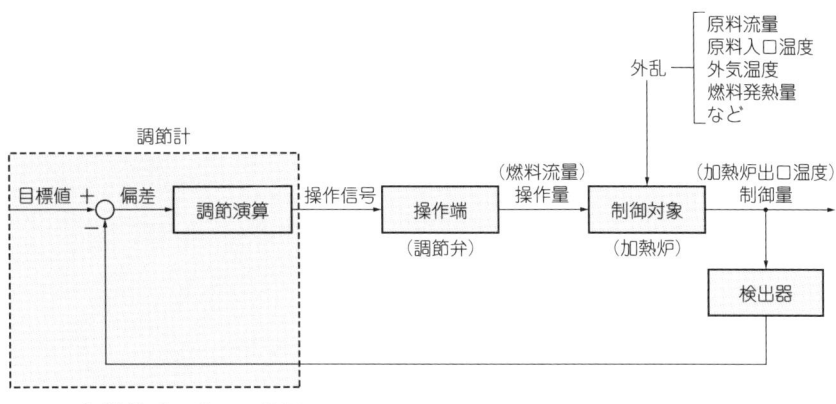

図4-4 自動制御系のブロック線図

の構成をブロック線図で表現すると，どんな場合でも基本的にはほとんど同じ構成となります．このような視点から見て，ブロック線図による制御系の構成表現は非常に便利な手法であることから，幅広く使用されています．

4.4 多変数システム

図4-4の例では，一つの制御対象に対して，操作量と制御量が一つずつとなっています．これを**1入力1出力システム**と呼んでいます．しかし，一般には，一つの制御対象に対して操作量と制御量が一つずつとはかぎりません．一つの制御対象に対し，操作量と制御量がそれぞれ複数個あるようなシステムを**多変数システム**と呼びます．多変数システムの特徴は，複数の操作量と複数の制御量との間に互いに影響し合うという相互干渉があるということです．一般に，変数が多くなれば，なるほど制御が難しくなるのは避けられません．多変数システムの制御は相互干渉を物理的または情報的に切り離して1入力1出力システムとみなせるようにして制御する方法と，多変数システムをそのまま制御する方法に大別されます．実際の現場では，わかりやすくて取り扱いが簡単なことから前者の方法が多く使用されています．後者は現代制御理論の力を借りなければなりません．

第5章　PID制御基本式はどのようにして生まれたか

　これまでは，制御全体から見たPID制御の位置付け，制御の歴史や制御系の構成要素など，PID制御を取り巻く周辺環境について解説してきました．本章からいよいよPID制御がどのようにして生まれたかを解説する本論に入っていきます．

5.1　P（比例）制御

5.1.1　P制御の基本的考え方

　手動制御から自動制御にするためには，どのようにすれば良いでしょうか？その方法としては，天から降ってきたり，地から沸いてきたりといった，まったく無から有を生み出すのではなく，人間が手動で制御している内容をそのまま数式化して調節計にやらせることが自然な流れであるとみることができます．

　まず，ここでは，例として取り上げた加熱炉出口温度を人間が制御する場合は，どのように制御するかを追ってみると，次のような手順となります．

手順1：加熱炉内を所定の原料が流れている状態で，燃料流量調節弁の開度を増減させて出口温度を目標値に一致させる．

手順2：手順1を基準として，原料流量変化や目標値変化によって偏差が1℃出たら，これをゼロにするために操作信号を何%変化させればよいかを決め，このルールにしたがって以降の手動制御をします．例えば，偏差1℃あたり2%の割合で調節弁開度を調整すればよい場合の偏差と弁開度との関係は，**図5-1**のようになります．これは，偏差eの大きさに比例して調節弁開度を修正することを意味しています．

5.1.2　P制御における偏差eと操作出力との関係

　5.1.1項で述べた人間が行っている制御の方法を一般化して，数式で表現すると，(5-1)式のようになります．

$$y = K_p \times e + b \quad \cdots\cdots\cdots (5\text{-}1)$$

　　y　：操作信号

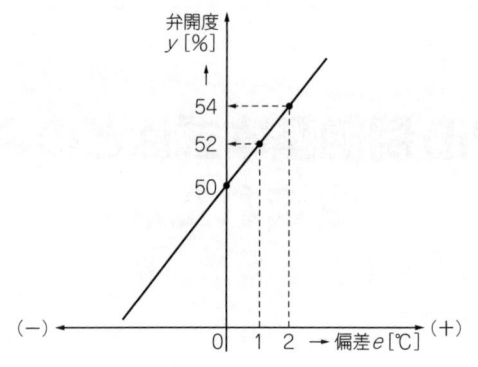

図5-1 偏差 e と弁開度 y との関係

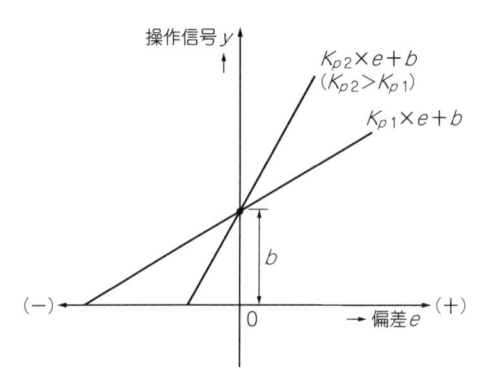

図5-2 P制御の比例ゲイン K_p と操作信号 y の関係

K_p：比例ゲイン（Proportional gain）
e　：偏差（＝目標値－制御量：Error）
b　：バイアス

　(5-1)式の比例ゲイン K_p と操作信号 y との関係を図5-2に示します．バイアス b は偏差 e がゼロのときの操作信号の大きさ，つまり制御の起点を与えるもので，その後の操作信号 y は偏差 e の大きさに比例して増減することになります．比例ゲイン K_p を大きくしていくと，操作信号 y は偏差 e の変化に対して急勾配で増減するようになります．

　(5-1)式に示すように，偏差 e の大きさに比例して，修正動作をする制御方式をP（Proportional：比例）制御と呼んでいます．

5.1.3　P制御系の制御特性

　P制御を用いた加熱炉出口温度制御系の構成を図5-3に示します．一般に制御系で偏差をステップ状に変化させたとき，制御量が定常状態に達するまで時間的にどのように経過しながら応答するかという「動特性」と，定常状態に達したとき，偏差がゼロになるかどうか，すなわち定常状態で偏差が残らな

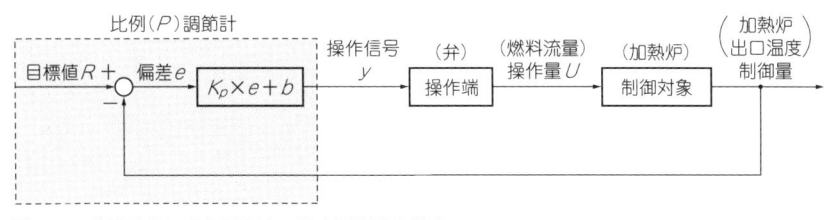

図5-3 P制御を用いた加熱炉出口温度制御系の構成

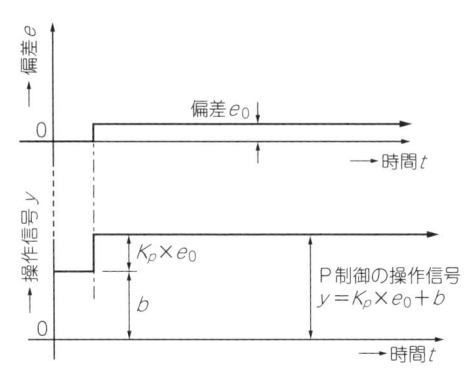

図5-4 P制御の操作信号の特徴

いかという「静特性」が制御性評価の指標となります．そこで，P制御系の場合にこれらの特性がどのようになるかを探ってみましょう．

ステップ偏差e_0を与えたとき，操作信号yはどのようになるかを図5-4に示します．P制御の場合の特徴は，操作信号yが偏差eの大きさに比例して増減し，偏差eが一定のときには，操作信号yは一定となることです．

5.1.4 P制御の限界（オフセットの発生）

図5-3に示すP制御系において，目標値を変化させて偏差eを与えたときの制御応答特性を図5-5に示します．図を見ると，制御なし（$K_p=0$）の場合には大きな偏差が出ますが，比例ゲインK_pを大きくしていくと，偏差はだんだんと小さくなっていきます．しかし，比例ゲインK_pを大きくしていくと，制御応答がだんだんと振動的となり，ついには持続振動状態になってしまいます．比例ゲインK_pを制御応答が振動しない許容限界内で大きい値に設定しても，偏差は完全にゼロにならないでオフセット（off-set：制御を行っても定常的に残る偏差，つまり定常偏差）が残ってしまいます．このように，P制御では制御量を目標値にピッタリと一致させることができません．これが，P制御の原理的限界です．

ここで少し定常偏差を定量的に追ってみます．式の導出は省略しますが，目標値をステップ状にaだけ変化させたときの定常偏差e_vの大きさは，(5-2)式となります．

$$e_v = a/(1+K_p \cdot K) \qquad (5\text{-}2)$$

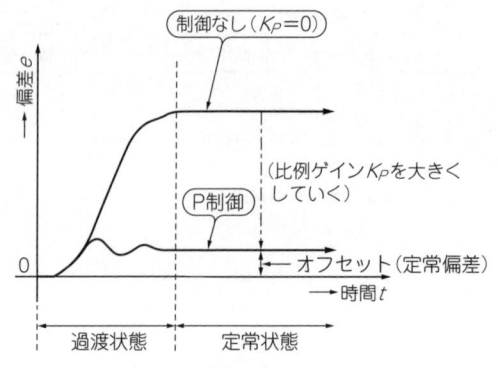

図5-5　P制御系の制御応答特性

K_p ＝比例ゲイン

K ＝制御対象のゲイン

　この(5-2)式において，比例ゲインK_pを大きくしていくと，定常偏差e_vはゼロに近づいていきます．しかし実際にはK_pを大きくしすぎると，制御系のループ・ゲインが過大となり，制御系が振動し，不安定となるので，比例ゲインK_pの大きさには限界があるため，どうしても定常偏差が発生してしまいます．また，(5-2)式から制御対象のゲインKが変化した場合も，定常偏差の大きさに影響を与えることがわかります．

5.1.5　P制御でオフセットが発生するメカニズム

　P制御でオフセットが発生するメカニズムを考えてみたいと思います．負荷が増減した場合と目標値を上下させた場合の四つのケースに分けて，オフセットの発生メカニズムを考えてみることにします．

(1)　負荷増加時のオフセット

　図5-6に，原料流量(負荷)が増加した場合にオフセットが生じるメカニズムを示します．図において，x軸は温度[℃]，y軸は操作信号[％]で，点線は負荷特性曲線を，実線はP制御特性直線を示します．目標値T_s[℃]と負荷特性曲線の交点Aにおいて，P制御特性曲線が交叉するようにP制御のバイアスbを調整して，その値をb_Aとします．その後のP制御特性曲線は，(5-3)式となります．

$$y = K_P(T_s - T) + b_A \quad \cdots\cdots\cdots (5\text{-}3)$$

　いま，A点，つまり目標値T_s，負荷(原料流量)L_1，バイアスがb_Aで，偏差がゼロのバランス状態にあるとします．この状態から負荷が$L_1 \to L_2$に増加した場合は，目標値T_sを維持するためには操作信号はB点に相当するb_Bになる必要があります．しかし，実際にはP制御式で制御されるため，偏差が出てP制御特性直線と負荷特性曲線L_2との交点Cに安定し，オフセット$(T_s - T_c)$が生じることになります．負荷が増加した場合には，目標値T_s＞制御量T_cという関係，つまり制御量T_cは目標値T_sより低い値に安定することになります．

　比例ゲインK_Pを大きくしていくと，P制御特性直線が急勾配となり，オフセットは小さくなってい

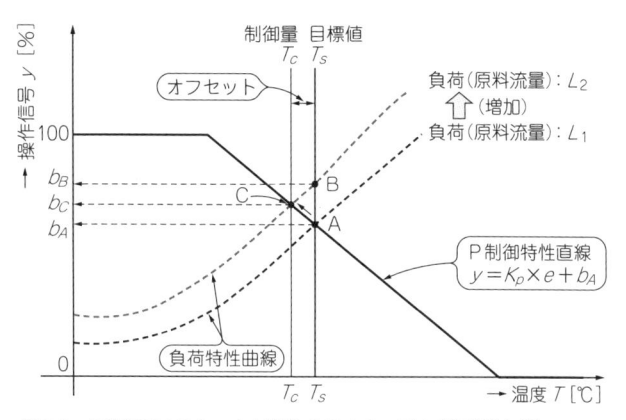

図5-6 P制御でオフセットが発生するメカニズム(負荷増加時)

きます.オフセットは小さいほうが良いに違いないから,比例ゲインK_Pは大きくしていくことになります.しかし,比例ゲインK_Pを大きくしていくと,オフセットが小さくなるだけでなく,制御系がだんだん不安定になり,ついには振動してしまいます.制御系が不安定になったり,振動してしまったのでは制御をする意味がなくなるので,比例ゲインK_Pを大きくすることには限界があります.したがって,P制御ではオフセットは避けられないことになります.

(2) 負荷減少時のオフセット

図5-7に,原料流量(負荷)が減少した場合にオフセットが生じるメカニズムを示します.図において,いま,A点,つまり目標値T_s,負荷(原料流量)L_1,バイアスがb_Aで,偏差がゼロのバランス状態にあるとします.この状態から負荷が$L_1 \to L_0$に減少した場合は,目標値T_sを維持するためには操作信号はD点に相当するバイアスb_Dになる必要があります.しかし,実際にはP制御式で制御されるため,偏差が出てP制御特性直線と負荷特性曲線L_0との交点Eに安定し,オフセット$(T_s - T_E)$が生じることに

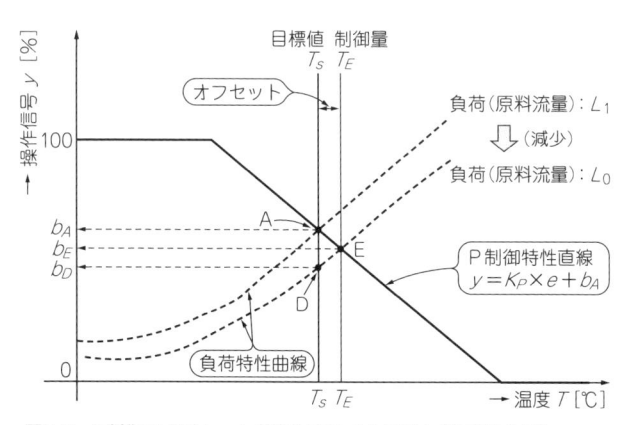

図5-7 P制御でオフセットが発生するメカニズム(負荷減少時)

5.1 P(比例)制御

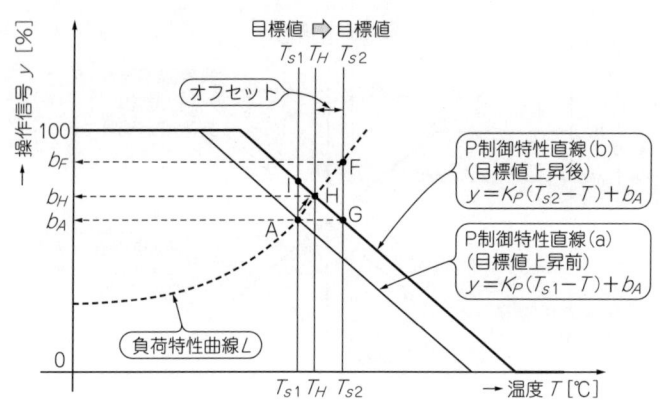

図5-8 P制御でオフセットが発生するメカニズム（目標値上昇時）

なります．このように負荷が減少した場合には，目標値T_s＜制御量T_Eという関係，つまり制御量T_Eは目標値T_sより高い値に安定することになります．

(3) 目標値上昇時のオフセット

図5-8に，原料流量（負荷）は一定状態で，目標値を上昇させた場合にオフセットが生じるメカニズムを示します．図において，いま，A点，つまり目標値T_{s1}，負荷（原料流量）L，バイアスがb_Aで，偏差がゼロのバランス状態にあるとします．この状態から負荷は一定で，目標値を$T_{s1} \to T_{s2}$に上昇させた場合は，オフセットがどのように発生するかを追ってみます．制御量が新しい目標値T_{s2}になるためには，操作信号は目標値T_{s2}と負荷特性曲線Lとの交点Fに相当する大きさのバイアスb_Fになる必要があります．しかし，実際にはP制御式で制御されるため，目標値が$T_{s1} \to T_{s2}$になった瞬間からG点を通るP制御特性直線(b)，つまり操作信号$y=K_P \times (T_{s2}-T)+b_A$で制御されます．操作信号$y$の大きさはP制御特性直線(b)のI点からスタートすることになります．この操作信号を受けて加熱炉出口温度はA点から上昇を始め，負荷特性直線LとP制御特性直線(b)との交点Hで安定することになります．つまり，加熱炉出口温度はT_Hに安定し，オフセットの大きさは$(T_{s2}-T_H)$になります．このように目標値を上昇させた場合には，上昇前の目標値T_{s1}＜制御量T_H＜上昇後の目標値T_{s2}という関係，つまり制御量T_Hは目標値T_{s2}よりも低い値に安定することになります．

(4) 目標値降下時のオフセット

図5-9に，原料流量（負荷）は一定状態で目標値を降下させた場合に，オフセットが生じるメカニズムを示します．図において，いま，A点，つまり目標値T_{s1}，負荷（原料流量）L，バイアスがb_Aで，偏差がゼロのバランス状態にあるとします．この状態から負荷は一定で，目標値を$T_{s1} \to T_{s0}$に降下させた場合は，オフセットはどのように発生するかを追ってみます．制御量が新しい目標値T_{s0}になるためには，操作信号は目標値T_{s0}と負荷特性曲線Lとの交点Jに相当する大きさのバイアスb_Jになる必要があります．しかし，実際にはP制御式で制御されるため，目標値が$T_{s1} \to T_{s0}$になった瞬間からK点を通るP制御特性直線(b)，つまり操作信号$y=K_P \times (T_{s0}-T)+b_A$で制御されます．操作信号$y$の大きさは

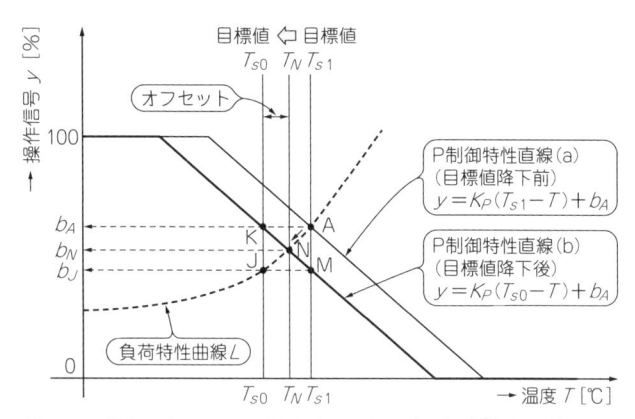

図5-9 P制御でオフセットが発生するメカニズム（目標値降下時）

P制御特性直線(b)のM点からスタートすることになります．この操作信号を受けて加熱炉出口温度はA点から降下を始め，負荷特性直線LとP制御特性直線(b)との交点Nで安定することになります．つまり，加熱炉出口温度はT_Nに安定し，オフセットの大きさは$(T_{s0}-T_N)$になります．このように目標値を降下させた場合には，降下後の目標値T_{s0}＜制御量T_N＜下降前の目標値T_{s1}という関係，つまり制御量T_Nは目標値T_{s0}よりも高い値に安定することになります．

5.1.6 P制御の使い方

これまでに得られたP制御の使い方に関する知見をまとめると，次のようになります．
1) 通常運転範囲の中間点近傍で偏差がゼロになるようにバイアスを調整し，比例ゲインK_Pは制御系が不安定・振動的にならない範囲で，できるかぎり大きい値に設定します．
2) 現在出ているオフセットを目標値の反対側に移動するには，制御量の応答を見ながら，バイアスの大きさをゆっくり調整して，オフセットを目標値の反対側にもっていきます．
3) 制御系では，オフセットを除去する必要から，後で説明する積分（I）動作を組み合わせたPI制御またはPID制御が一般的に用いられます．
4) しかし，Pのみの制御が適しているケースもあります．それは「目標値変化をともなう積分プロセス制御の場合」です．代表的な例は，変圧運転をするボイラ主蒸気圧力制御です．しかし，Pのみの制御の場合，目標値変化に対する制御は問題ありませんが，蒸気消費量変化などの外乱変化に対しては，オフセットの発生が避けられません．このオフセットを低減させるためには，できるだけ精度の高いフィードフォワード制御を組み合わせる必要があります．

5.1.7 シミュレーションによるP制御特性の確認

P制御系ではオフセットが発生し，比例ゲインK_pを大きくしていくとオフセットは小さくなっていきますが，応答はだんだんと振動的になり，比例ゲインK_pの大きさには限界があることを確認します．

5.2 PI（比例＋積分）制御

5.2.1 オフセットを除去するには

　前項のP制御の場合は，原理的にオフセットが発生し，制御量を目標値にピッタリ一致させることができないことを説明しました．P制御では(5-1)式に示すように，ある負荷で偏差がゼロになるように，バイアスbを調整しておき，そのバランス状態から偏差が発生したとき，偏差eに比例した修正出力を出すことになっていました．

　P制御は制御性評価指標を「偏差eの現在値の大きさ」としており，この偏差eの現在値を抑制するために偏差の現在値に比例した修正出力を出していることになります．

　P制御では，(5-1)式に示すように偏差をゼロにする役目をもっているバイアスbは固定値となっています．オフセットを除去するためには，オフセットがゼロになるまでバイアスbを修正し続けなければなりません．人間が制御する場合には，偏差eがあれば，これをゼロにしようとして操作信号を増減し続けることになります．このようにすればオフセットを除去することができます．この人間による操作を自動的に実行するには，どのようにすればよいかを考えてみましょう．

　図5-10に示すように，一定時間間隔Δtで，偏差eをゼロにしようとして，偏差eに比例して操作信号を増減し続けると，P制御では一定だったバイアスbが(5-4)式のように偏差面積（偏差eの積分または累積値）に比例して増減していることを意味しています．

$$
\begin{aligned}
b &= K_I \times e_1 \times \Delta t + K_I \times e_2 \times \Delta t + \cdots\cdots + K_I \times e_n \times \Delta t + b_0 \\
&= K_I(e_1 + e_2 + \cdots\cdots + e_n) \times \Delta t + b_0 \\
&= K_I \sum_{i=1}^{n} e_i \times \Delta t + b_0 \\
&= K_I \int e\,dt + b_0 \quad\cdots\cdots\cdots\cdots\cdots\cdots\cdots\cdots\cdots\cdots\cdots\cdots\cdots\cdots\cdots (5\text{-}4)
\end{aligned}
$$

　　K_I：積分ゲイン，b_0：バイアスの初期値

(5-4)式を(5-1)式に代入すると(5-5)式を得ます．

$$y = K_P \times e + K_I \int e\,dt + b_0 \quad\cdots\cdots\cdots\cdots\cdots\cdots\cdots\cdots\cdots\cdots (5\text{-}5)$$

この積分を含む調節計を使えば，偏差がゼロにならないかぎり，偏差eを積分して修正出力が変化し

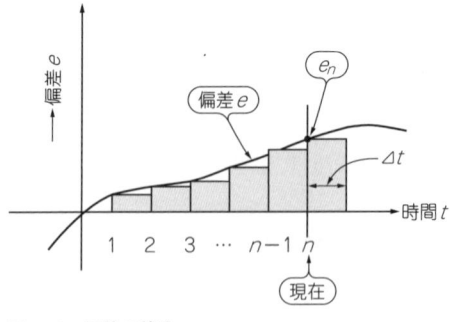

図5-10　偏差の積分

続けて，制御量を目標値に近づけていく働きをします．このようにしてI制御によってオフセットをなくすことができますが，I動作だけでは定常状態は良くても，それまでの時間的経過特性，つまり動特性もうまくいくようにすることは難しいので，実際には必ずP制御と組み合わせたPI制御が用いられます．

P制御は制御性評価指標を「偏差の現在値」として，これを抑制するために偏差の現在値eに比例した修正出力を出しています．これに対し，I（積分）制御は制御性評価指標を偏差の累積値（積分）として，偏差の積分に比例した修正出力を出していると見ることができます．

5.2.2　P制御の強さとI制御の強さの関係付け

(5-5)式の比例ゲインK_Pと積分ゲインK_Iの強さを関係付けるため図5-11に示すように，ステップ状偏差が入ったときI制御出力がP制御出力と同じ値になるまでの時間を積分時間T_I（Integral time）と定義しています．

$$P制御出力 = K_P \times e_0 \qquad\qquad\qquad (5\text{-}6)$$

$$t=0 \sim t=T_I までのI制御出力 = K_I \int e_0 dt = K_I \times e_0 \times T_I \qquad (5\text{-}7)$$

(5-6)式＝(5-7)式としてK_Iを求めると，(5-8)式となります．

$$K_I = K_P / T_I \qquad\qquad\qquad (5\text{-}8)$$

(5-8)式を(5-5)式に代入すると，(5-9)式を得ます．(5-9)式が，いわゆる「PI制御式」です．

$$y = K_P \left[e + \frac{1}{T_I} \int e\, dt \right] + b_0 \qquad\qquad\qquad (5\text{-}9)$$

積分時間T_Iはステップ偏差を与えたとき，P制御による操作信号変化をI制御のみで発生させるために必要な時間ということになります．したがって，積分時間T_Iを小さくすればするほど積分制御の影響が強くなります．積分時間T_Iの逆数をリセット率（回/min）と呼び，これを使うこともあります．これはステップ偏差を与えたとき，I制御が1 minにP制御のみによる操作信号変化量に何回到達するかを表しています．

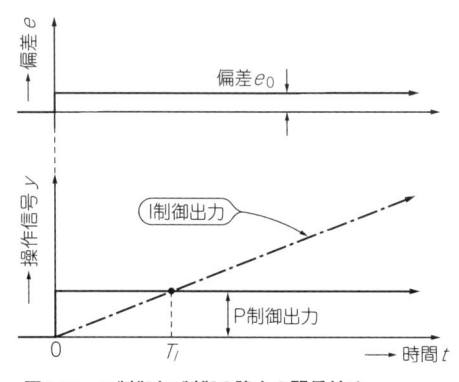

図5-11　P制御とI制御の強さの関係付け

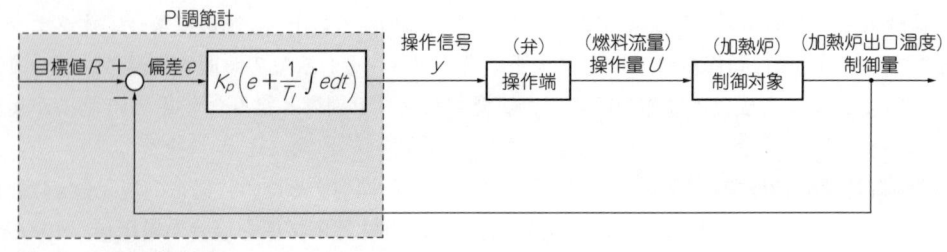

図5-12　PI制御系の構成

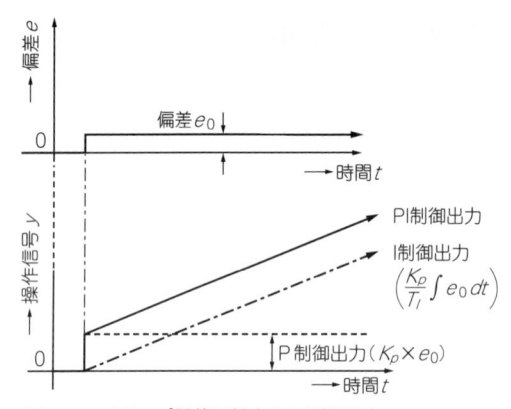

図5-13　ステップ偏差に対するPI制御出力

5.2.3　PI制御における偏差 e と操作出力との関係

PI制御を用いた加熱炉出口温度制御系の構成を図5-12に示します．この制御系において，ステップ偏差 e_0 を与えたときの操作信号の動きを図5-13に示します．P制御出力は偏差 e_0 に比例した一定値になっているのに対して，I制御出力は偏差 e_0 を除去しようと，偏差 e_0 を積分して制御出力を増加し続けることになります．この積分制御の機能によって，オフセットを除去することができます．

5.2.4　PI制御の制御特性とオフセットの除去

図5-12に示すPI制御系において，目標値を変化させて偏差 e を与えたときの制御応答特性を図5-14に示します．図を見ると，制御なし（$K_P=0$）の場合には大きな偏差が出ますが，P制御で比例ゲイン K_P を大きくしていくと偏差は小さくなっていきます．しかし，比例ゲイン K_P を大きくしすぎると制御応答が振動的となるので，K_P の大きさには限界があり，P制御のみではオフセットが残ってしまいます．

そこでI制御を付加してPI制御にすると，I制御機能によって偏差があるかぎり偏差をゼロにしようとして操作信号を変化し続けるため，定常状態で偏差はゼロとなり，オフセットがなくなります．したがって，PI制御では制御量を目標値にピッタリ一致させることができます．

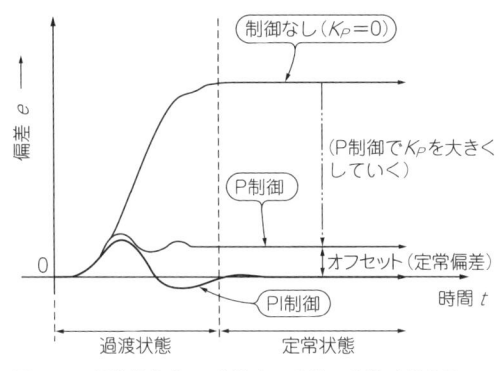

図5-14 偏差発生時のP制御とPI制御の制御応答比較

5.2.5 PI制御でオフセットが除去できるメカニズム

前項で，PI制御系では，偏差がなくなるまで修正動作をし続けるI制御の機能によって，制御系で発生していたオフセットを除去できることを説明しました．ここではI制御によって，オフセットが除去できるメカニズムを考えてみましょう．負荷が増減した場合と目標値を上下させた場合の四つのケースに分けて，PI制御によってオフセットを除去できるメカニズムを考えてみることにします．

(1) 負荷増加時のオフセット除去のメカニズム

図5-15に，加熱炉の原料流量（負荷）が増加した場合に，PI制御ではオフセットを除去できるメカニズムを示します．図において，x軸は制御量（加熱炉出口温度）[℃]，y軸は操作信号[%]で，点線は負荷特性曲線を，実線はPおよびPI制御特性直線を示します．目標値T_s[℃]と負荷特性曲線の交点Aにおいて，P制御特性直線が交叉するようにP制御のバイアスbを調整して，その値をb_Aとします．その後のP制御特性直線は(5-10)式となります．

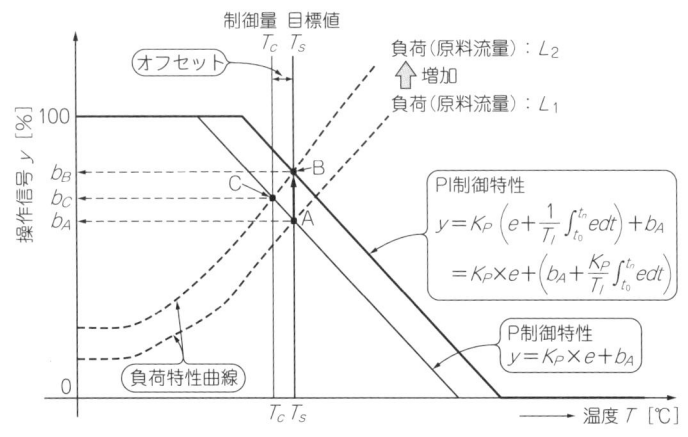

$$y = K_P \times e + b_A \quad \cdots\cdots(5\text{-}10)$$

図5-15 PI制御でオフセットを除去できるメカニズム（負荷増加時）

5.2 PI（比例＋積分）制御

K_P：比例ゲイン，e：偏差

　いま，A点，つまり目標値T_s，負荷(原料流量)L_1，バイアスがb_Aで，偏差がゼロのバランス状態にあるとします．この状態から負荷が$L_1 \rightarrow L_2$に増加した場合は，目標値T_sを維持するためには操作信号はB点に相当するb_Bになる必要があります．しかし，実際にはP制御では(5-10)式で制御されるため，偏差が出てP制御特性直線と負荷特性曲線L_2との交点Cに安定し，オフセット($T_s - T_c$)が生じることになります．

　ところが，PI制御では制御式が(5-11)式のようになります．つまり，PI制御にすると偏差eをゼロにするバイアスb_Aをスタート点として(5-11)式に示すように，偏差eの積分値によって自動的に修正されることになります．**図5-15**において，負荷がL_1からL_2に増加すると，偏差をゼロにするバイアスがb_Aから偏差eの積分値によってb_Bに自動的に修正されることによって偏差eはゼロとなり，オフセットが除去されて制御量が目標値にピッタリ一致します．

$$y = K_P \times e + \left(b_A + \frac{K_P}{T_I} \int_{t_0}^{t_n} e\, dt \right) \quad \cdots\cdots\cdots (5\text{-}11)$$

　　T_I：積分時間
　　t_0：I制御をスタートさせた時刻
　　t_n：現在の時刻

(2) 負荷減少時のオフセット除去のメカニズム

　図5-16に，加熱炉の原料流量(負荷)が減少した場合に，PI制御ではオフセットを除去できるメカニズムを示します．(1)項の場合の説明と同様に，図において，負荷L_1からL_0に減少した場合，P制御では偏差をゼロにするバイアスがb_Aの固定値であるために，結局E点でバランスし，オフセット($T_s - T_E$)が生じることになります．これに対し，PI制御では制御式が(5-12)式のようになります．つまり，PI制御にすると，偏差eをゼロにするバイアスb_Aをスタート点として(5-12)式に示すように，偏差eの積分値によって自動的に修正されることになります．**図5-16**において，負荷がL_1からL_0に減少すると，

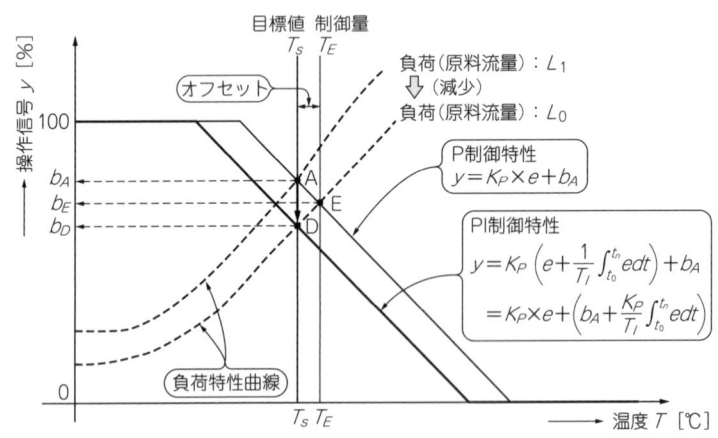

図5-16　PI制御でオフセットを除去できるメカニズム(負荷減少時)

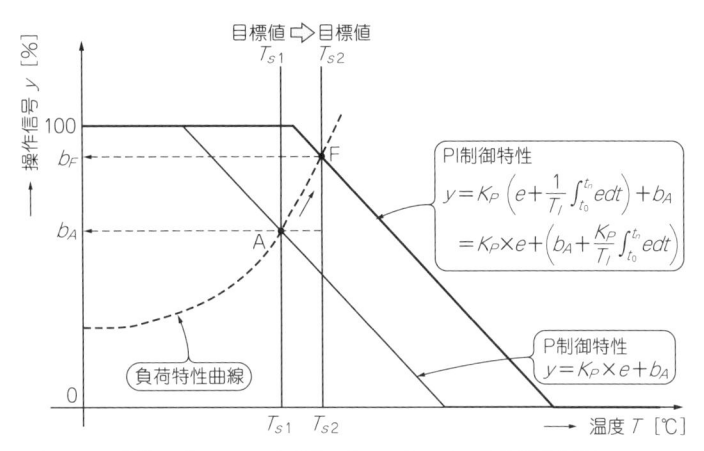

図5-17 PI制御でオフセットを除去できるメカニズム（目標値上昇時）

偏差eをゼロにするバイアスがb_Aから偏差eの積分値によってb_Dに自動的に修正されることによって偏差eはゼロとなり，オフセットが除去されて制御量が目標値にピッタリ一致します．

$$y = K_P \times e + \left(b_A + \frac{K_P}{T_I}\int_{t_0}^{t_n}edt\right) \quad \cdots\cdots(5\text{-}12)$$

(3) 目標値上昇時のオフセット除去のメカニズム

図5-17に，加熱炉出口温度目標値を上昇させた場合に，PI制御でオフセットを除去できるメカニズムを示します．図において，目標値をT_{s1}からT_{s2}（$T_{s1} \leq T_{s2}$）に上昇させた場合，目標値がT_{s1}のときには偏差をゼロにするバイアスが交点Aに対応したb_Aだったものが，目標値T_{s2}の場合には交点Fに対応したバイアスb_Fが必要となります．これに対し，PI制御では制御式が(5-13)式のようになり，偏差eをゼロにするバイアスb_Aをスタート点として偏差eの積分値によって自動的に修正されて交点Fに対応したバイアスb_Fとなります．このように，偏差eの積分値によって偏差eをゼロにするバイアス値が自動的に修正され偏差eはゼロとなり，オフセットが除去され制御量が目標値にピッタリ一致することになります．

$$y = K_P \times e + \left(b_A + \frac{K_P}{T_I}\int_{t_0}^{t_n}edt\right) \quad \cdots\cdots(5\text{-}13)$$

(4) 目標値降下時のオフセット除去のメカニズム

図5-18に，加熱炉出口温度目標値を降下させた場合に，PI制御でオフセットを除去できるメカニズムを示します．図において，目標値をT_{s1}からT_{s0}（$T_{s1} \geq T_{s0}$）に降下させた場合，目標値がT_{s1}のときには偏差をゼロにするバイアスが交点Aに対応したb_Aであったものが，目標値T_{s0}の場合には交点Jに対応したバイアス値b_Jになることが必要となります．これに対し，PI制御では制御式が(5-14)式のようになり，偏差eをゼロにするバイアスb_Aをスタート点として偏差eの積分値によって自動的に修正されて交点Jに対応したバイアスb_Jとなります．このように偏差eの積分値によって偏差eをゼロにする

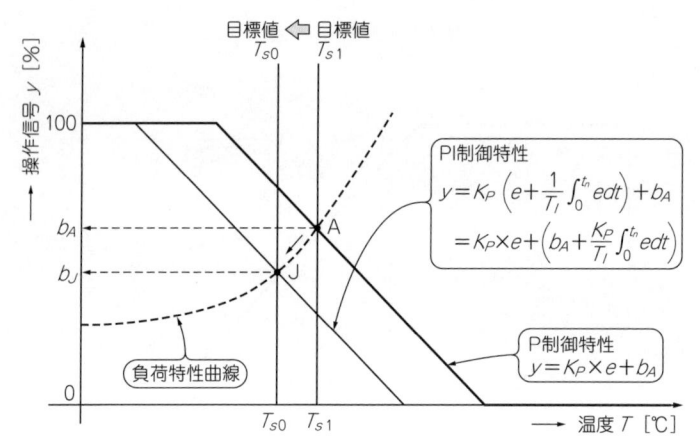

図5-18　PI制御でオフセットを除去できるメカニズム（目標値降下時）

バイアス値が自動的に修正され偏差 e はゼロとなり，オフセットが除去され制御量が目標値にピッタリ一致することになります．

$$y = K_P \times e + \left(b_A + \frac{K_P}{T_I} \int_{t_0}^{t_n} e\, dt \right) \quad \cdots\cdots\cdots (5\text{-}14)$$

5.2.6　PI制御の使い方

以上，説明してきたようにPI制御は，負荷が変化しても，目標値が変化してもオフセットを除去して，制御量を目標値にピッタリ一致させることができます．したがって，PI制御はもっとも基本的な制御技術と位置付けることができます．

一般に，PI制御はむだ時間および時定数が小さい特性をもつ制御対象の制御に適しています．P制御，PI制御およびPID制御の区分の中では，PI制御が圧倒的に多く使用されています．プロセス制御の中では，流量制御，圧力制御や水位制御などを中心に広く適用されています．

5.2.7　シミュレーションによるPI制御特性の確認

P制御にI動作を付加したPI制御にすると，オフセットが除去できることを確認します．つまり，P制御（PI制御で積分時間 T_I が無限大または最大値）ではオフセットが発生しますが，積分時間 T_I を小さくし，積分動作を効かせていくとオフセットがなくなっていくことを確認します．

5.3　PID（比例＋積分＋微分）制御

5.3.1　PI制御に欠けているもの：D動作

人間が物事を判断するときには，(1)「過去」はどうであったか？，(2)「現在」はどうなっているか？，(3)「将来」はどうなりそうか？という，過去，現在および将来の三つの情報を利用し，問題の性質によ

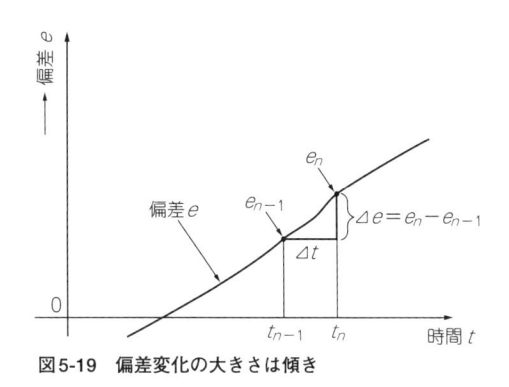

図5-19 偏差変化の大きさは傾き

ってそれぞれに重視度の重みを付けて的確な結論を出すように努めています．P制御は「現在の偏差」の大きさに比例した出力を出し，I制御は「過去の偏差」の積分（累積値）の大きさに比例した出力を出しています．したがって，PI制御には「将来の偏差」に関する情報を活用する成分がまったく含まれていないことになります．

偏差の将来値がどのようになりつつあるか，つまり偏差が増加しつつあるか，減少しつつあるかの傾向は**図5-19**に示すように偏差eの時間的変化（偏差曲線の傾き）の大きさを取り出せばよいので(5-15)式のようになります．

$$偏差の変化速度（偏差曲線の傾き）\quad \Delta y = \lim_{\Delta t \to 0} \frac{\Delta e}{\Delta t} = \frac{de}{dt} \quad \cdots\cdots(5\text{-}15)$$

偏差eの将来動向を予測して制御するには，現在の偏差の変化速度Δyに比例した出力を活用すればよいことになります．つまり，(5-16)式に示す偏差eの微分の大きさに比例した出力を使用すればよいことになります．

$$y_D = K_D \frac{de}{dt} \quad \cdots\cdots(5\text{-}16)$$

y_D：D制御出力，K_D：微分ゲイン

この(5-16)式は，いわゆる微分（D：Derivative）制御と呼ばれているものです．D制御出力y_Dは偏差eが変化しているときには，変化速度に比例した出力を出しますが，偏差eが時間的に変化していないときには，出力y_Dはゼロとなります．例えば，偏差eが一定速度で変化していく場合には，D制御出力y_Dはその変化速度に比例した一定値となります．つまり，偏差eの変化速度が大きいほど，出力は大きくなります．しだがって，D制御はフィードバック制御系の制御応答の動特性を改善する働きがあります．

D制御も単独で使用されることはなく，P制御あるいはPI制御と組み合わせて，PD制御あるいはPID制御として使用されています．

5.3.2　P制御の強さとD制御の強さの関係付け

PD制御出力 y_{PD} は(5-17)式で表されます．

$$y_{PD} = K_P \times e + K_D \cdot (de/dt) \quad \cdots\cdots\cdots\cdots\cdots\cdots\cdots\cdots\cdots\cdots\cdots\cdots\cdots\cdots\cdots\cdots\cdots\cdots\cdots\cdots (5\text{-}17)$$

K_P：比例ゲイン，K_D：微分ゲイン

(5-17)式の比例ゲイン K_P と微分ゲイン K_D の強さを関係付けるため図5-20に示すように，ランプ状偏差が入ったとき「P制御出力＝D制御出力」となるまでの時間を微分時間 T_D (Derivative time)とすると定義されています．

$$t = T_D におけるP御出力 = K_P \times A \times T_D \quad \cdots\cdots\cdots\cdots\cdots\cdots\cdots\cdots\cdots\cdots\cdots\cdots\cdots\cdots (5\text{-}18)$$

$$D制御出力 = K_D \times A \quad \cdots\cdots\cdots\cdots\cdots\cdots\cdots\cdots\cdots\cdots\cdots\cdots\cdots\cdots\cdots\cdots\cdots\cdots\cdots\cdots\cdots\cdots\cdots (5\text{-}19)$$

ここで(5-18)式＝(5-19)式として，K_D を求めると(5-20)式となります．

$$K_D = K_P \times T_D \quad \cdots\cdots\cdots\cdots\cdots\cdots\cdots\cdots\cdots\cdots\cdots\cdots\cdots\cdots\cdots\cdots\cdots\cdots\cdots\cdots\cdots\cdots\cdots\cdots\cdots\cdots (5\text{-}20)$$

(5-20)式を(5-17)式に代入すると，(5-21)式を得ることができます．(5-21)式が，いわゆる「PD制御式」です．

$$y_{PD} = K_P [e + T_D \cdot (de/dt)] \quad \cdots\cdots\cdots\cdots\cdots\cdots\cdots\cdots\cdots\cdots\cdots\cdots\cdots\cdots\cdots\cdots\cdots\cdots (5\text{-}21)$$

この(5-21)式にI制御を付加したPID制御式は(5-22)式となります．

$$y = K_P \left[e + \frac{1}{T_I} \int e\,dt + T_D \frac{de}{dt} \right] \quad \cdots\cdots\cdots\cdots\cdots\cdots\cdots\cdots\cdots\cdots\cdots\cdots\cdots\cdots (5\text{-}22)$$

K_P：比例ゲイン，T_I：積分時間，T_D：微分時間

これが導き出されたPID制御基本式です．各項を導出するときに説明したように，P制御は偏差の「現在」の情報（大きさ）を，I制御は「過去」の情報（累積値）を，D制御は「将来」の情報（変化速度）を利用し，それぞれに重みを付けて演算し制御出力を出しています．これは，人間が物事を判断するとき，「現在はどうなっているか？」，「過去はどうであったか？」そして「将来はどうなりそうか？」という「現在」「過去」「将来」という三つの基本情報に重みを付けて結論を出すのと，まったく同じことを(5-22)

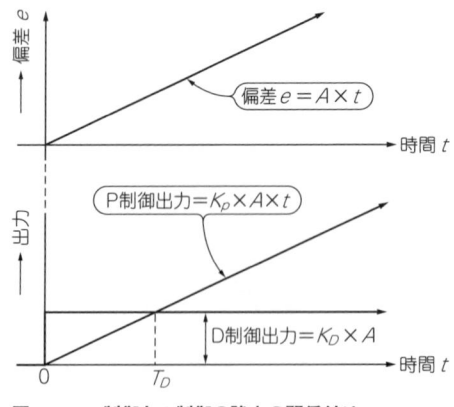

図5-20　P制御とD制御の強さの関係付け

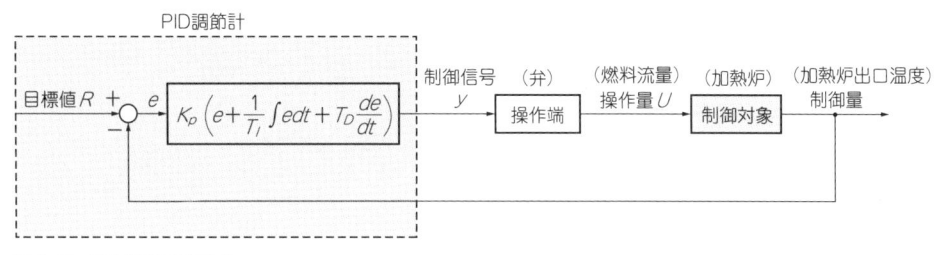

図5-21 PID制御系の構成

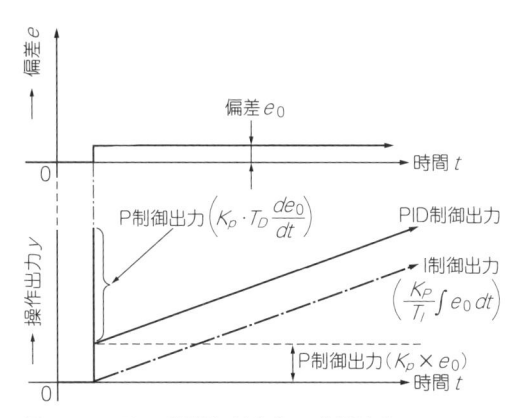

図5-22 ステップ偏差に対するPID制御出力

式のPID制御基本式で実行していることになります．このように考えると，冷たい，無味乾燥な表情をしている(5-22)式のPID制御基本式に暖かさを感じてきます．ぜひとも，親しみをもって接していただき，その特性や限界をよく理解して正しく活用されることを期待しています．

5.3.3　PID制御における偏差 e と操作信号との関係

PID制御を用いた加熱炉出口温度制御系の構成を図5-21に示します．この制御系において，ステップ偏差 e_0 を与えたときの操作信号の動きを図5-22に示します．P制御出力は偏差 e_0 に比例した一定値の出力を出し，I制御出力は偏差 e_0 を除去しようとして偏差 e_0 の累積値に比例した出力を出し続け，D制御は偏差 e_0 の変化速度に比例した出力を出し，PID制御出力はこれら出力を加算合成したものとなっています．このような制御機能の加算組み合わせによって，PID制御はオフセットを除去できるとともに制御応答の動特性を改善することができます．

5.3.4　PID制御の制御特性

図5-21に示すPI制御系において，目標値を変化させて偏差 e を与えたときの制御応答特性を図5-23に示します．図を見ると，制御なし($K_P=0$)の場合には大きな偏差が出ますが，P制御で比例ゲイン K_P を大きくしていくと偏差は小さくなっていきます．しかし，比例ゲイン K_P を大きくしすぎると制御応

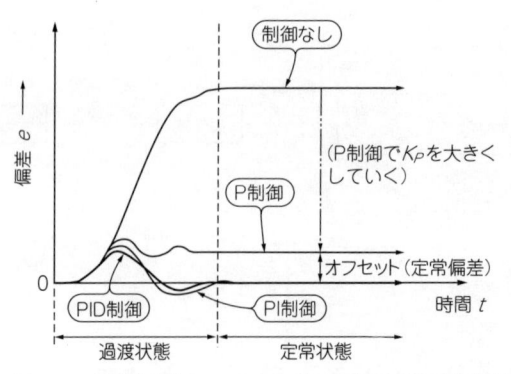

図5-23　偏差発生時のP，PIおよびPID制御の制御応答比較

答が振動的となるので，K_Pの大きさには限界があり，P制御のみではオフセットが残ってしまいます．

そこでI制御を付加してPI制御にすると，I制御機能によって偏差があるかぎり偏差をゼロにしようとして操作信号を変化し続けるため，定常状態で偏差はゼロとなってオフセットがなくなり，PI制御では制御量を目標値にピッタリ一致させることができます．さらに偏差の変化速度を用いて予測制御する機能をもつD制御を付加したPID制御では，偏差発生から定常状態にいたるまでの制御応答の動特性を改善することができます．

5.3.5　PID制御の使い方

一般のコントローラでは，このPID制御式を実装しておき，制御対象の特性によって，P制御，PD制御，PI制御およびPID制御の各制御モードをPIDパラメータの設定で切り分けて最適な制御モードを使用するようにしています．

5.3.6　シミュレーションによるPID制御特性の確認

PI制御にD動作を付加すると，制御系に変化を与えてから，定常状態になるまでの時間的変化，いわゆる動特性が改善されることを確認します．つまり，微分時間$T_D=0$から，T_Dを大きくしていくと，動特性が改善されることを確認します．

第6章　理想形PIDから実用形PIDへ

一般に，制御理論から生まれた理論式をそのまま適用すると，支障があるケースが多く発生します．PID制御についても同様のことがいえます．前章で導き出したPID制御基本式をそのまま適用すると，ノイズとか目標値変化などに対する挙動が実用上の問題を誘起します．そこで，これらの実用上の問題を抑制し，実用に耐えるように加工・変形・機能付加などをする必要があります．PID制御基本式を実用展開するために，どのように加工・変形・機能付加をすればよいかの検討，改良後の挙動や制御特性解析などをするために，**ラプラス変換法**が非常に有効な数学的手段となります．

そこで，まずラプラス変換の概要を説明したのち，PID制御の実用展開の具体的な説明に入っていきます．

6.1　ラプラス変換（Laplace transformation）のあらまし

図6-1に示すタンク系について考えると，プロセス変数の関係は(6-1)式，(6-2)式で表されます．

$$C\frac{dz(t)}{dt} = x(t) - y(t) \tag{6-1}$$

$$z(t) = R \cdot y(t) \tag{6-2}$$

(6-2)式を(6-1)式に代入して$RC = T$とおくと，(6-3)式を得ます．

$$T\frac{dy(t)}{dt} + y(t) = x(t) \tag{6-3}$$

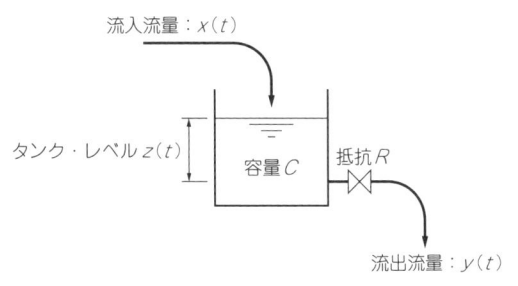

図6-1　1次容量系

(6-3)式は**プロセス方程式**と呼ばれ，この形のプロセス方程式をもつ系を**1次容量系**といいます．またTをこの系の**時定数**(time constant)と呼びます．

この方程式を解けば，出力を求めることができるはずです．しかし，プロセス方程式は一般に(6-3)式のように時間微分方程式となります．このもっとも簡単な1次容量系の(6-3)式の解は(6-4)式となります．

$$y(t) = \int_0^t \frac{1}{T} e^{-\frac{t-\tau}{T}} \cdot x(\tau)d\tau + e^{-\frac{t}{T}} \cdot y_0 \quad \cdots\cdots (6\text{-}4)$$

さらに高次の時間微分方程式を解くことは容易ではありません．

そこで，この時間微分方程式を時間tの領域で解く代わりに，s領域に変換して解くのがラプラス変換法です．

この方法によると，ラプラス変換の表を参照して簡単にプロセス方程式の解が得られるのみでなく，系の特性を伝達関数によって表現でき，代数的に演算処理でき，制御系の挙動を一般的に論じることができるという大きな特徴をもっています．

時間微分方程式をラプラス変換(Laplace transformation)するには，時間微分方程式で$d/dt \equiv s$とおきます．このsを**ラプラス演算子**(Laplace operator)と呼びます．$d/dt \equiv s$にしたということは$t \to s$に置き換えたということなので，時間の関数$f(t)$もsの関数$F(s)$に置き換えなければなりません．このことを，関数$f(t)$を時間領域(time domain)[t]からs領域(s-domain)[s]の関数$F(s)$にラプラス変換したといい，この対応を$F(s) = \mathscr{L}[f(t)]$と表現します．数学的意味は**表6-1**の定義を参照してください．

また，$f(t)$を**原関数**，$F(s)$を**像関数**といいます．像関数$F(s)$から原関数$f(t)$を求める変換を**逆ラプラス変換**(inverse Laplace transformation)といい，これを$f(t) = \mathscr{L}^{-1}[F(s)]$と表現します．例として，(6-3)式の時間微分方程式をラプラス変換します．

$X(s) = \mathscr{L}[x(t)]$，$Y(s) = \mathscr{L}[y(t)]$とおいて，(6-3)式をラプラス変換して整理すると(6-5)式を得ます．

$$Ts \cdot Y(s) + Y(s) = X(s)$$
$$(Ts+1)Y(s) = X(s)$$
$$G(s) = \frac{\text{出力}}{\text{入力}} = \frac{Y(s)}{X(s)} = \frac{1}{Ts+1} \quad \cdots\cdots (6\text{-}5)$$

上記のようにラプラス演算子sを含んだ項を$Y(s)$の係数としてくくり出すことができます．出力と

表6-1 ラプラス変換の定義

項目	式
ラプラス変換の定義	$F(s) = \mathscr{L}[f(t)] = \int_0^\infty f(t) e^{-st} dt$
逆ラプラス変換の定義	$f(t) = \mathscr{L}^{-1}[F(s)] = \int_{c-j\infty}^{c+j\infty} F(s) e^{st} ds$ $c > \delta_0$，δ_0：正実数

表6-2 基本系の特性

項目	プロセス方程式 $f(y, x, d/dt) = 0$	伝達関数 $G(s) = Y(s)/X(s)$
積分	$T\dfrac{dy}{dt} = x$	$\dfrac{1}{Ts}$
1次遅れ	$T\dfrac{dy}{dt} = -y + x$	$\dfrac{1}{Ts+1}$
2次遅れ	$\begin{cases} T_1\dfrac{dz}{dt} = x - z \\ T_2\dfrac{dy}{dt} = z - y \end{cases}$ すなわち， $T_1T_2 \ddot{y} + (T_1+T_2)\dot{y} + y = x$	$\dfrac{1}{(T_1s+1)(T_2s+1)}$
むだ時間 (伝送遅れ)	$y(t+L) = x(t)$ すなわち， $y(t) = x(t-L)$	e^{-Ls}

入力の関係，つまり $Y(s)/X(s)$ を計算することができます．これが，微分方程式をラプラス変換して取り扱う大きなメリットです．**表6-2**に基本系の特性を示します．

このようにして得られた入，出力変数の比を**伝達関数**(transfer function)といいます．系の入力 $X(s)$ がわかれば，出力は $Y(s) = G(s) \cdot X(s)$ として求めるとができるので，系の特性は伝達関数 $G(s)$ で表せます．伝達関数がわかると，入力 $x(t)$ のときの系の応答 $y(t)$ は逆ラプラス変換をして(6-6)式のようにして求めることができます．

$$y(t) = \mathscr{L}^{-1}[Y(s)] = \mathscr{L}^{-1}[G(s) \cdot X(s)] \qquad (6\text{-}6)$$

具体的には，ラプラス変換表を逆に引いて求めることができます．

ラプラス変換に関する説明はここまでにします．ラプラス変換の性質，ラプラス変換表，ラプラス変換法の応用など，詳しい内容については専門書を参照してください．

6.2 PID制御の伝達関数表現

PID制御基本式の時間領域表現を(6-7)式に示します．

$$y(t) = K_P \left[e(t) + \frac{1}{T_I} \int e(t)\,dt + T_D \frac{de(t)}{dt} \right] \qquad (6\text{-}7)$$

K_P：比例ゲイン，T_I：積分時間，T_D：微分時間

(6-6)式をラプラス変換すると，(6-8)式となります．

$$Y(s) = K_P \left(1 + \frac{1}{T_I \cdot s} + T_D \cdot s \right) E(s) \qquad (6\text{-}8)$$

PID制御の伝達関数を $C(s)$ とすると，(6-9)式となります．

$$C(s) = \frac{出力}{入力} = \frac{Y(s)}{E(s)} = K_P \left(1 + \frac{1}{T_I \cdot s} + T_D \cdot s \right) \qquad (6\text{-}9)$$

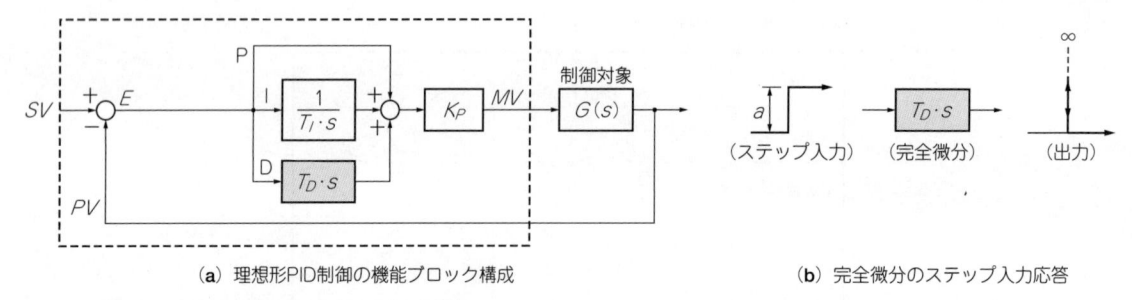

図6-2 理想形PID制御と完全微分のステップ入力応答

(a) 理想形PID制御の機能ブロック構成
(b) 完全微分のステップ入力応答

　この(6-9)式のPID制御の伝達関数表現を用いた制御系のブロックを**図6-2**に示します．今後の説明は，主としてこの伝達関数表現を使って展開します．

6.3　PID制御基本式の実用上の問題点

　一般に，いくら理論的に優れていても，現場のニーズや制約および制御対象の特性との整合の悪い制御技術は使われないし，たとえ使われたとしても長く使用されないで衰退していきます．このことは長い制御の歴史によって証明されています．つまり，制御理論を現場に適用する場合には，数学的論理だけでなく，制御に関連する操作端やプロセスの機械的，物理的特性との整合性や運転制御上のニーズや制約などが大きな障壁となり，これを工夫に工夫を重ねて乗り越えなければ，安心して使える制御技術にならないということです．

　PID制御の場合も例外ではなく，実際の現場で安心して使用できるように各種の工夫が加えられています．何も付加しない，そして何も削除しない，いわゆる生まれたままのPID制御は「理想形PID制御」と呼ばれ，前項で説明したように伝達関数は(6-9)式で表され，その機能ブロック構成は**図6-2(a)**に示すようになっています．

　この理想形PID制御は微分項が「完全微分」($T_D \cdot s$)で構成されているのが特徴です．このため，圧力，流量，レベル，温度や成分などの制御量の計測信号に重畳している高周波ノイズ(実際の監視や制御上意味をもっていない有害な信号成分)が完全微分によって過度に増幅拡大されて，制御系を不安定にするという問題があります．さらに**図6-2(b)**に示すように，偏差のステップ変化に対する完全微分の出力波形は線状となり，操作端にエネルギを与えることができないことから，操作端は応動せず，本来の微分機能を発揮させることができないという問題もあります．

6.4 理想形PIDから実用形PIDへの工夫

6.4.1 1次フィルタの挿入

理想形PID制御を構成している完全微分による問題点を除去して,「実用PID制御」とする目的で,偏差信号に含まれる高周波信号成分を抑制するためにローパス・フィルタ,つまり1次遅れフィルタを入れて,入力信号の高周波域のゲインと位相を制限する方法をとります.

この1遅れ次フィルタの入れる場所として,図6-3(a),(b)に示す2通りの方法があります.まず第1は1次遅れフィルタを偏差Eに入れるもので,図6-3(a)に示す方法であり,第2は微分項の入力のみに入れるもので図6-3(b)に示す方法です.

6.4.2 具体的1次遅れフィルタの形式

1次遅れフィルタの形式は図6-4に示すように,もっとも基本的なもので,その時定数Tを(6-10)式のように選定します.

$$T = \eta \cdot T_D \cdot s \tag{6-10}$$

T_D:微分時間, η:微分係数(通常$0.1 \sim 0.125$, $1/\eta = 8 \sim 10$)

したがって,挿入する1次遅れフィルタの具体的な伝達関数は(6-11)式のようになります.

$$1/(1+T \cdot s) = 1/(1+\eta \cdot T_D \cdot s) \tag{6-11}$$

この伝達関数をもった1次遅れフィルタを偏差Eに入れた実用PIDの原形を図6-5(a)に,微分項の入力側のみに入れた実用PIDの原形を図6-5(b)に示します.

つまり,高周波信号成分抑制用1次遅れフィルタの挿入場所によって,実用PIDの伝達関数は2種類

(a) 偏差Eに1次遅れフィルタを付加

(b) 微分項に1次遅れフィルタを付加

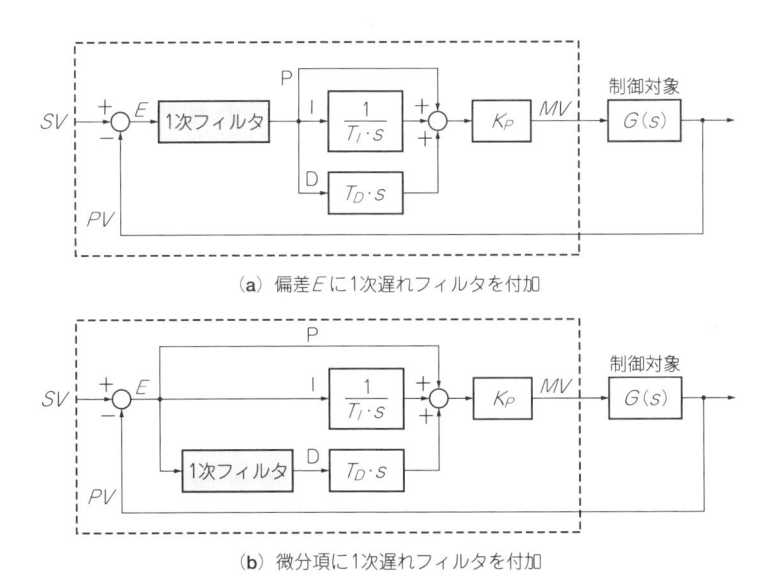

図6-3 高周波信号成分抑制用1次遅れフィルタの挿入場所

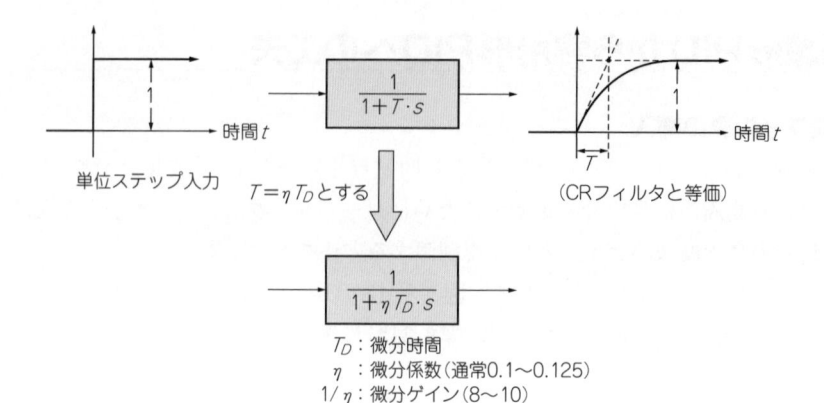

図6-4 高周波信号成分抑制用フィルタ

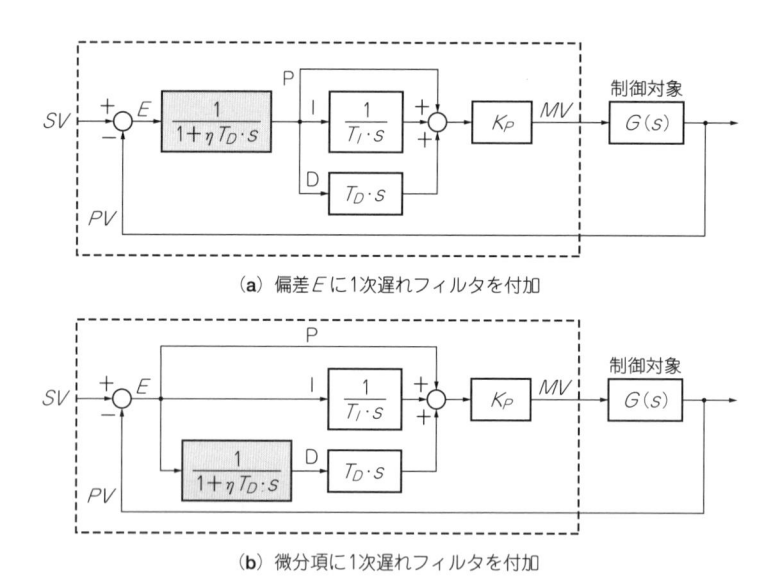

図6-5 高周波信号成分抑制1次遅れフィルタの挿入場所

のものが生まれることになります．

6.4.3 PID制御の二つの実用形態

(1) 実用・干渉形PID

図6-5(a)に示すように1次遅れフィルタを偏差Eに入れて，PIDに入る偏差信号Eに含まれる高周波成分を抑制するようにした構成のPIDの伝達関数$C(s)$を求めると，(6-12)式となります．

$$C(s) = K_P \left(\frac{1}{1+\eta \cdot T_D \cdot s} \right) \left(1 + \frac{1}{T_I \cdot s} + T_D \cdot s \right)$$

60　第6章　理想形PIDから実用形PIDへ

$$= K_P \frac{1 + T_I \cdot s + T_I \cdot T_D \cdot s^2}{T_I \cdot s(1 + \eta T_D \cdot s)}$$

$$= K_P \frac{1 + (T_I + T_D)s + T_I \cdot T_D \cdot s^2 - T_D \cdot s}{T_I \cdot s(1 + \eta T_D \cdot s)}$$

$$\fallingdotseq K_P \frac{(1 + T_I \cdot s)(1 + T_D \cdot s)}{T_I \cdot s(1 + \eta T_D \cdot s)}$$

$$= K_P \frac{(1 + T_D \cdot s)}{(1 + \eta T_D \cdot s)} \left(1 + \frac{1}{T_I \cdot s} \right) \quad \cdots \quad (6\text{-}12)$$

(6-12)式は微分時間 $T_D \neq 0$ のとき，つまり微分動作が存在するときには，微分(D)動作が比例(P)動作および積分(I)動作に影響を与えることから「実用・干渉形PID」と呼ばれています．この機能ブロック構成を図6-6(a)に示します．この形式のPIDは比較的多く使用されています．

(2) 実用・非干渉形PID

図6-5(b)に示す1次遅れフィルタを微分項の入力側に入れて，D動作に入る偏差信号 E に含まれる高周波信号成分のみを抑制するようにした構成のPIDの伝達関数 $C(s)$ を求めると，(6-13)式となります．

$$C(s) = K_P \left(1 + \frac{1}{T_I \cdot s} + \frac{T_D \cdot s}{1 + \eta T_D \cdot s} \right) \quad \cdots \quad (6\text{-}13)$$

(6-13)式はPIDの各動作が完全に独立しており，ほかの動作に影響を及ぼさないことから「実用・非干渉形PID」と呼ばれています．この機能ブロック構成を図6-6(b)に示します．生まれたままの「理想形PID」の微分が完全微分(ideal derivative)で構成されていたのに対して，「実用・非干渉形PID」の微分は遅れをもった微分，つまり「不完全微分」(lagged derivative) で構成されているのが，大きな特徴です．

(a) 実用・干渉形PID制御

(b) 実用・非干渉形PID制御

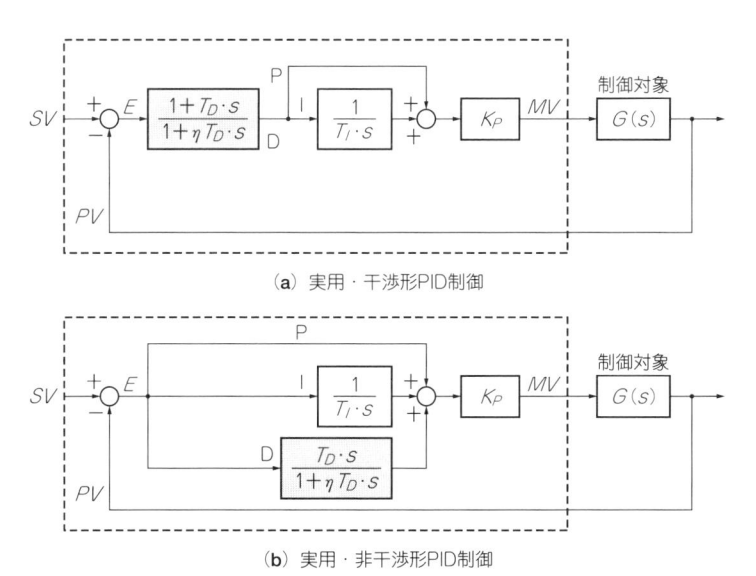

図6-6　実用形PID制御の二つの形式

6.4　理想形PIDから実用形PIDへの工夫

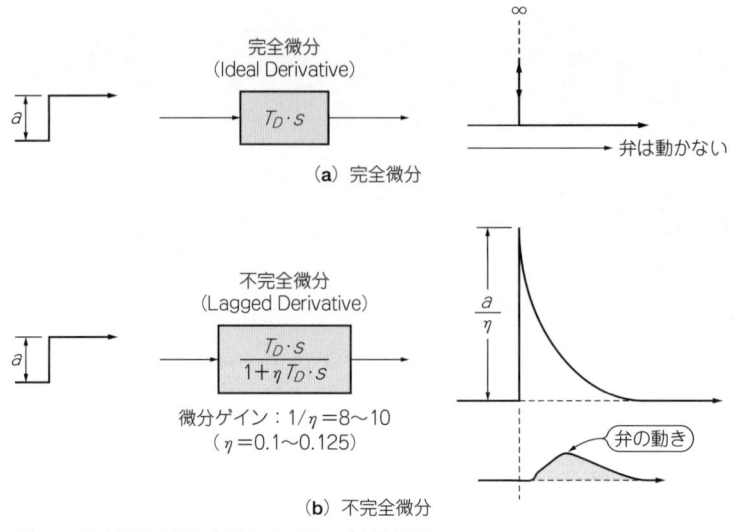

図6-7 完全微分と不完全微分のステップ応答比較

6.4.4 完全微分と不完全微分の比較

図6-7に，大きさaのステップ入力を与えたときの完全微分と不完全微分の出力応答波形の比較を示します．この図から，不完全微分は完全微分に対して，次のような大きな特徴をもっていることが読み取れます．

(1) 微分ゲインが$1/\eta$となり，入力に対する出力の上限を有限値に設定できます（通常$\eta = 0.1 \sim 0.125$で，微分ゲイン$1/\eta$は$10 \sim 8$となる）．

(2) 入力のステップ変化に対して，微分面積が生じて操作端を実際に応動させることができるため，微分動作が有効に働きます．

このように不完全微分は実用上，優れた特性をもっており，実際に多用されているにもかかわらず，日本語呼称では微分の前に「不完全」という言葉が付加されているため，誤解されてしまうことがしばしばあります．「完全微分があるのに，なぜわざわざ不完全な微分を使用するのか？」と質問を受けることがよくあります．このような誤解をさけるために，「完全微分」のことを「理想微分または理論微分」，「不完全微分」のことを「実用微分」と呼んで区別したほうが実態に合うと考えますがいかがなものでしょうか？

6.4.5　PIDパラメータ値の相互変換

制御システムのリプレースなどのときに，制御方式を干渉形PIDから非干渉形PIDに，また逆に非干渉形PIDから干渉形PIDに置き換える場合，PIDパラメータ値はどのようになるかを考えてみましょう．図6-6に示すように実際には微分としては，不完全微分を使用します．しかし，PIDパラメータ値の相互置換式を求める場合はPID制御基本式で検討すればよいので，微分としては完全微分式を用います．

干渉形PIDの伝達関数を$C(s)$とすると(6-14)式となります．

$$C(s) = K_P(1 + T_D \cdot s)\left(1 + \frac{1}{T_I \cdot s}\right) \quad \cdots\cdots (6\text{-}14)$$

置き換える新しい非干渉形PIDの伝達関数$C'(s)$を(6-15)式とします．

$$C'(s) = K_P'\left(1 + \frac{1}{T_I' \cdot s} + T_D' \cdot s\right) \quad \cdots\cdots (6\text{-}15)$$

ここで(6-14)式を変形して，(6-16)式を得ます．

$$C(s) = K_P(1 + T_D/T_I)\left(1 + \frac{1}{(1 + T_D/T_I)T_I \cdot s} + \frac{T_D \cdot s}{(1 + T_D/T_I)}\right) \quad \cdots\cdots (6\text{-}16)$$

(6-15)式と(6-16)式から，干渉形PIDから非干渉PIDへの変換式は(6-17)式となります．

$$\left.\begin{array}{l} K_P' = K_P(1 + T_D/T_I) \\ T_I' = T_I(1 + T_D/T_I) \\ T_D' = T_D/(1 + T_D/T_I) \end{array}\right\} \quad \cdots\cdots (6\text{-}17)$$

(6-17)式から，次のことがいえます．
(1) $T_D = 0$，つまり微分動作を使用していないとき：変換は不要で，そのまま設定すればよいことになります．
(2) $T_D \neq 0$，つまり微分動作を使用しているとき：変換は必要［(6-17)式による］です．

6.5 偏差PID制御から実用形態への工夫

6.5.1 偏差PID制御の問題点

6.4節で，偏差信号に高周波信号抑制用1次遅れフィルタを入れた「実用・干渉形PID制御」および微分項の前に入れた「実用・非干渉形PID制御」の二つの方式について説明しました．この両者のうち，実際には後者の方式が多く使用されているので，今後は後者の「実用・非干渉形PID制御」をベースに説明を展開します．

「実用・非干渉形PID制御」の基本式は(6-13)式で，その機能ブロック構成を図6-8(a)に示します．この「実用・非干渉形PID制御」は図6-8(a)を見ると明確にわかるように，偏差Eに対してPID演算制御していることから，「実用偏差PID制御」または，さらに実用を略して「偏差PID制御」と呼ばれています．

この形態は偏差に対して，PID演算制御するというフル機能を装備し，微分は実用微分(不完全微分)となっています．したがって，PID制御としては完全無欠で，一見何ら問題がないように見えますが，この形態は温度プログラム制御などの場合に限定されており，一般的にはそのまま使用されていません．それはなぜか，どこに問題があるかを考えてみましょう．

第1の問題は，目標値SVをステップ状に変更させた場合に，図6-9(a)に示すように微分動作によっ

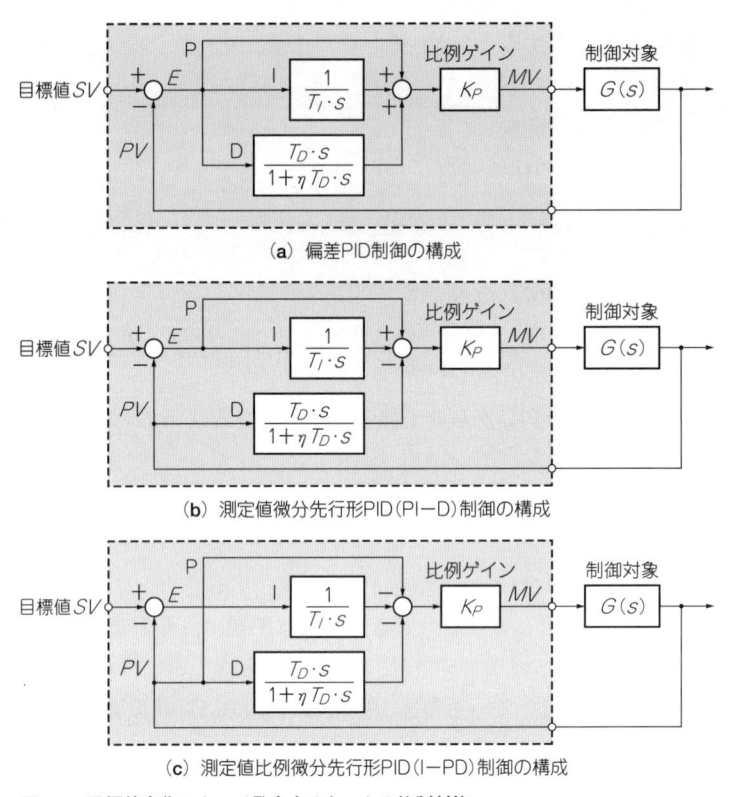

図6-8 目標値変化によって発生するキックの抑制対策

(a) 偏差PID制御の構成
(b) 測定値微分先行形PID(PI-D)制御の構成
(c) 測定値比例微分先行形PID(I-PD)制御の構成

てステップ変化量の8〜10倍の急峻な変化(kick：キック)が操作信号MVに発生することです．目標値SVの急激な変化に早く追従するには，制御からみるとこのキックは当然の動作です．しかし，このキックは操作端，制御対象やプロセスなどに大きな機械的，物理的ショックを与えることになります．その結果，機械的衝撃，ウォータハンマなどが発生して機器や設備の寿命を縮めたり，品質上の問題などをまねくことになります．このような挙動をする制御方式は現場には受け入れられないという問題があります．

第2の問題は，「外乱抑制特性」が最適になるようにPIDパラメータ値を調整すると，「目標値追従特性」が大きくオーバシュートしてしまうことです．制御の基本的特性には，目標値が変化したときに，いかに目標値変化に対して最適に追従するかの「目標値追従特性」と，外乱が入ったときに，いかに外乱の影響を抑制するかの「外乱抑制特性」の二つがあります．従来の一般的PID制御では，1種類のPIDパラメータ値しか設定できないため，両者の特性は，片方の特性を最適にすると，他方の特性は劣化する二律背反となってしまいます．

これらの問題は指摘されて，理論式をよく眺めても明確には理解できません．問題の深刻さは，制御の現場でこの問題を多く体験した人でなければ，理解できません．

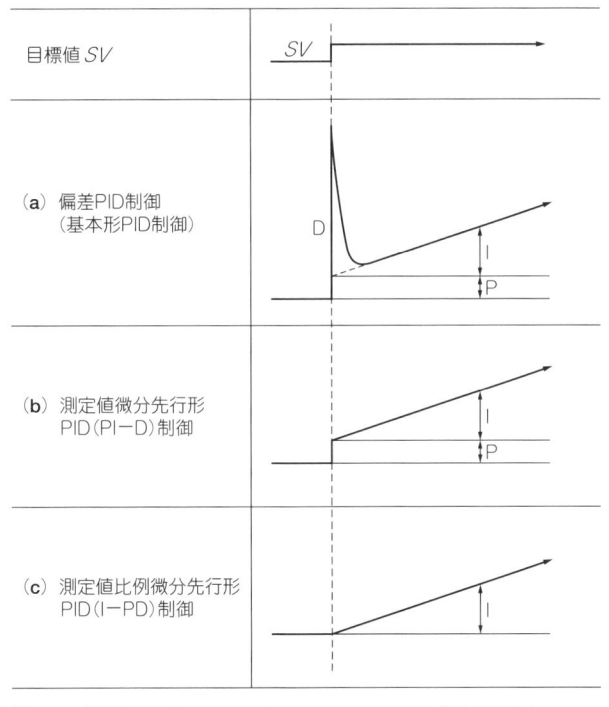

図6-9 目標値SV変化時の3種類のPID制御の出力変化（MV_{SV}）

6.5.2　測定値微分先行形PID（PI-D）制御

　偏差PID制御がもっている前記の問題点を緩和するためには，目標値変化にともなって発生するキックを低減する工夫をしなければなりません．PID動作の中で，目標値変化でもっとも大きなキックを発生するのはD動作です．そこで，目標値変化に対するD動作を止めて，キックを低減した方式を「測定値微分先行形PID制御」(PI-D制御)と呼び，その機能ブロック構成を図6-8(b)に示します．図から明らかなように，プロセス値PV変化に対してはPID動作となっていますが，目標値変化に対してPI動作となってD動作が削除されているので，目標値SVの変化によるキックは図6-9(b)に示すように大きく低減されます．この方式はディジタル制御装置(DCS)などで多く使用されています．

6.5.3　測定値比例微分先行形PID（I-PD）制御

　前項の測定値微分先行形PID制御方式が生まれた流れから考えると，D動作の次に大きなキックを発生するP動作についても，D動作と同じの変形処置をすれば，問題がさらに改善されることは容易に類推できます．そこでP動作およびD動作を目標値信号から外して，プロセス値のみにかけるようにした方式を「測定値比例微分先行形PID制御」と呼び，その機能ブロック構成を図6-8(c)に示します．この

方式は図をみると明らかなように，プロセス値PVの変化に対してはPID動作となっていますが，目標値SVの変化に対してはI動作のみとなっており，図6-9(c)に示しように緩やかな変化となります．この方式は，いわゆるI-PD制御と等価な方式となっています．このI-PD制御も前項の測定値微分先行PID(PI-D)制御とともに制御の現場で多く使用されています．

6.6　副作用対策

　一般に「すべてに適用できるものは，すべてに最適ではない」といわれます．これはこの世の中にすべてに最適であるというものも技術も存在しないことから，ずばり的を射た名言であると考えています．制御の世界ではPID制御技術が，この典型的なモデルであると考えています．

　そこで個々の問題解消の対策を打つと問題そのものは解決されますが，どこかに副作用が発生するので適用にあたっては注意しなければなりません．

　例えば，前述のI-PD制御では目標値SVの変化に対して，I動作のみで追従するので，比例キックや微分キックによる問題は完全に解消されますが，目標値SVの変化に対する追従速度が遅くなってしまうという副作用が発生します．そこで，温度プログラム制御のように目標値SVがランプ状に変化する場合には，目標値追従特性をよくするためには，目標値SVの変化に対するP動作とD動作を部分的に生かす工夫をするか，2自由度PID制御方式を適用しなければなりません．

　測定値微分先行形PID制御に目標値微分の強さを係数γの設定によって可変できる機能を付加したDのみ2自由度PID制御の例を図6-10に示します．γの設定によって下記のように目標値変化に対する微分動作の強さを調整して活用できます．

・$\gamma=0$のとき　　　：測定値微分先行形PID制御
・$\gamma=1.25$のとき　：D動作の2自由度化
・$\gamma=0\sim1.25$　　：目標値変化に対する微分の強さを自由自在に設定可能

　微分時間T_Dは$\gamma=0$と設定して，外乱抑制特性最適値にPIDパラメータを調整したのち，$\gamma=1.25$と設定し目標値のプログラム変化に対する追従特性が最適になるようにγの値を微調整します．

　以上説明したように，PID制御においても，一つの形態で最適に適用できる範囲は非常に少ないこと

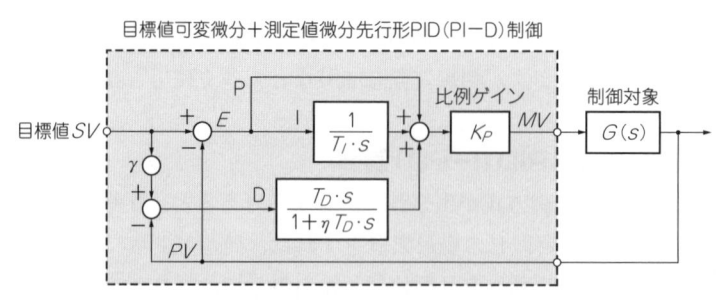

図6-10　目標値可変微分＋測定値微分先行形PID(PI-D)制御の構成

になります．したがって，PID制御がもっている機能を最大限に発揮させるには，制御対象特性や制御上のニーズ・制約に最適になるようにPID制御を加工・変形して個別最適化を図っていかなければなりません．そのためには，PID制御の本質の理解を深める必要があります．

6.7 制御対象とPID制御動作の選定

一般的に使用されているPID制御方式は微分として不完全微分（実用微分）を用いた測定値微分先行形PID（PI-D）制御方式と測定値比例微分先行形PID（I-PD）制御方式となっていることを述べてきました．両者ともに，外乱変化に対する制御動作はPIDですが，目標値変化に対する制御動作は前者がPI動作で，後者はI動作のみとなっています．その反作用で，目標値変化に対する応答は前者はD動作がない分だけ遅くなり，後者はP動作もないので前者よりもさらに遅くなってしまうため，適用にあたっては目標値追従特性と操作信号のキック抑制のトレードオフを十分考慮しなければなりせん．

表6-3に，プロセス制御におけるPID動作の一般的な選定ガイドを示します．この表を参照しながら，個々のプロセス制御に適したPID動作の選定について，もう少し考えてみましょう．

6.7.1 流量，圧力の制御

流量や圧力のプロセスのおもな特徴は，

表6-3 プロセス制御におけるPID制御動作の選定ガイド

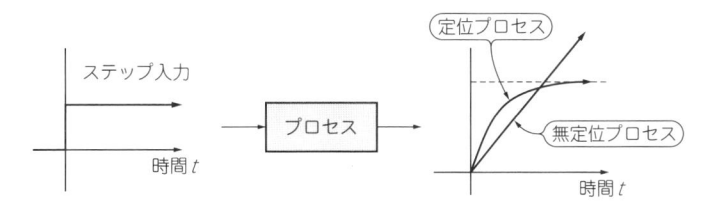

制御量	制御対象の特徴	適する制御動作	
流量・圧力	定位プロセスで応答が速い	PI	
水位（圧力）	無定位プロセス	定値制御	PI-D またはI-PD
		追値制御	PまたはPD
温度成分	定位プロセスで応答が遅く，むだ時間がある	定値制御	PI-D またはI-PD
		追値制御	（目標値ステップ変化形）PI-D またはI-PD
			（目標値ランプ変化形）偏差PID またはPI-D＋可変D
	★ むだ時間が大きい場合：サンプル値PIまたは各種むだ時間補償制御		

定位プロセス：ステップ応答が定常値に収束する特性をもつプロセス．自己平衡プロセスとも呼ぶ．
無定位プロセス：ステップ応答が時間とともに増大していく特性をもつプロセス．積分プロセス，または自己平衡性のないプロセスとも呼ぶ．

(1) ステップ応答が定常値に収束する特性をもつ定位プロセス
(2) 応答が速く，むだ時間がほとんどないとみなせる
(3) 測定信号に流量源や圧力源のポンプやブロアなどによる脈動信号が重畳するケースがしばしばある

などです．これらの特徴から，D動作は不要で，PIモード(PI-Dまたは偏差PIDでD動作を不使用のもの)が適していることになります．

6.7.2 水位(圧力)の制御

水位プロセスのおもな特徴は，
(1) ステップ応答が時間とともに増大していく特性をもつ無定位プロセス(積分プロセス)
(2) タンクの蓄積機能を利用してプロセス流量を均流化する目的で利用されるケースも多い

などです．定値制御の場合には，PI-DまたはI-PD，均流制御の場合にはギャップPIDが適しています．追値制御の場合は，ここでは詳しい説明は省略しますがI動作は振動を誘起して有害となるためPまたはPDモードが適しています．代表的な例はボイラ蒸気圧力の変圧制御です．この場合，I動作がないので，オフセット(定常偏差)が発生します．このオフセットを抑制するためには，できるだけ精度の高いフィードフォワード制御を組み合わせる必要があります．

6.7.3 温度，成分制御

温度や成分プロセスのおもな特徴は，
(1) 定位プロセス
(2) 温度は熱量の異なる流体を直接または間接的に混合して温度を制御し，成分は濃度の異なる流体を直接または間接的に混合して濃度を制御するもので，いわゆる混合プロセス(Mixed Process)
(3) むだ時間 L，時定数 T が大きく，移送時間などによってむだ時間が変化するケースがある

などです．定値制御の場合には，PI-DまたはI-PD制御が適しています．追値制御で目標値をステップ変化させる場合には，PI-DまたはI-PD制御が適し，目標値をランプ状に変化させる，いわゆるプログラム制御の場合には，偏差PIDまたは(PI-D+可変D)制御が適することになります．L/T が大きくなると，サンプル値PIや各種むだ時間補償制御を適用することが必要になります．

6.8 PID制御と人間の制御思考との類似性

ここまでに人間が行う制御動作の内容を数式化して，PID制御基本式を導き，さらに工夫を加えて，実用PIDが生れてきたプロセスについて述べました．ここでは，PID制御基本式から人間の制御思考との類似性を探ってみたいと思います．

PID制御基本式の各項目の役割，PID制御が示すパラダイム(規範)などを分析してまとめると，**表6-4**のようになります．

表6-4 PID制御と人間の制御思考との類似性

動作		I：積分	P：比例	D：微分
演算式		$K_P(\int edt)/T_I$	$K_P \cdot e$	$K_P \cdot T_D de/dt$
制御上の役割		「過去の偏差」の累積値に対応	「現在の偏差」の大きさに対応	「将来の偏差」の変化予測に対応
パラダイム	判断方法	「過去」のデータの重視度	「現在」のデータの重視度	「将来」のデータの重視度
	変化への対応	「継続」追従	「即応」追従	「予見」追従

★PID制御に何を付加すると，PID制御を越えられるか？

注▶ PID制御基本式　　$MV = K_P\left(e + \dfrac{1}{T_I}\int edt + T_D \dfrac{de}{dt}\right)$

MV：PID制御出力，e：偏差（目標値−実際値），
K_P：比例ゲイン，T_I：積分時間，T_D：微分時間

6.8.1　判断方法

表6-4からPID制御の積分動作は過去の偏差の累積値，つまり「過去」のデータの重視度を示し，比例動作は現在の偏差の大きさ，つまり「現在」のデータの重視度を示し，微分動作は偏差の将来の予測値，つまり「将来」のデータの重視度を示していることが読み取れます．制御対象の特性に対応して，人がPIDパラメータ値（各データの強さの設定値）を調整するのがマニュアル・チューニングで，それを自動的に行うのがオート・チューニングということになります．これは，人間が物事を考えて判断するときに，必ず「過去の状態はどうであったか」，「現在の状態はどうなっているか」，「将来はどうなりそうか」という，「過去」，「現在」および「将来」の3種の情報を用いて，それぞれの情報にどのようなウェイトをおくかを考えて判断し，結論を出すのとまったく同じ機能を実行していることになります．人間の場合にも，パラメータ設定値が不適切で，バランスの悪い人がたくさんいます．たとえば，過去の後始末をしっかりする，つまり積分動作はよく効いているが将来の予測がまったくできない，つまり微分動作が効かない人もいれば，反対に微分動作が効きすぎて予測ばかりして後始末の不得意な人もいます．

一般的に，よい結論を出すためには，個々の問題の特性に対応して，「過去」，「現在」および「将来」の情報の重視度を最適に調整しなければならないことを示しています．

6.8.2　変化への対応

PID制御において，目標値と実際値との間にズレが発生したとき，つまり偏差eが発生したとき，比例動作は偏差eの変化に対して，ただちに応動するという「即応追従」動作をし，積分動作は偏差eがゼロになるまで，つまり目標値と実際値がピッタリ一致するまで制御出力を出し続けるという「継続追従」動作をし，さらに微分動作は偏差eの変化率の大きさから将来の動きを予測し，これに対応する制御出力を出す「予見追従」動作をしていると分析することができます．つまり，PID制御は変化に対して「即応追従」，「継続追従」および「予見追従」という動作を組み合わせて制御を実行していることになります．

この「即応」，「継続」および「予見」という三つの側面から目標達成に取り組むことは，制御のみならず目標管理，製品のVA（Value Analysis）/CD（Cost Down），技術力強化など，あらゆる取り組みに共

通する基本的手法です．PID制御は目標達成に向けての基本行動パラダイムをわれわれに明確に示しているといえます．

6.9 PID制御のまとめ

　以上述べてきたように，PID制御はシンプルな構成の中に，人間の判断や行動の基本パラダイムと同じ機能を具備し，これを忠実に実行していることになります．PID制御基本式は表面的には，まったく無味乾燥で，冷たい表情をしていますが，内面では人間の制御思考と同じことを一生懸命に計算して制御していると理解すると，ほのぼのとした暖かさを感じます．今後，ぜひ興味をもってPID制御と接していただきたいと願っています．また人間のように，ときとして休んだり，勝手に中断したりするというような，気まぐれな行動をすることはありません．

　以上のようなことが，PID制御がシンプルな構成でありながらプロセス制御の大部分の対象に対して，すぐれた制御能力をもち，これを超える汎用制御方式の誕生を許さない要因ではないでしょうか？

　これらの知見をベースとして，PID制御にどのような機能を付加すればPID制御を越えることができるかを考えれば，新しい制御方式の創出が可能かもしれません．皆さんの積極果敢な挑戦を期待しています．

第7章 ディジタル制御の実際

7.1 アナログからディジタルへ

7.1.1 アナログとディジタルの特徴

現在の電子式プロセス制御装置では，アナログ（連続）式のものは消滅し，完全にディジタル（離散）式となっています．アナログやディジタルという用語は日本語化していますが，英語にしても日本語にしても意味を的確に表現しているとはいえないと思います．中国語では，アナログ式を「相似的」，ディジタル式を「数字的」と表現しており，直感的でわかりやすいと思うのですがいかがなものでしょうか．

アナログ演算は演算精度が低く，さらに各演算器にドリフトがあるために長期安定性，耐環境特性が悪いという問題がありました．さらに，複雑な演算をしようとすると，多数の演算器を組み合わせる必要があり，これにともなって演算精度が悪化するとともに大きなスペースを必要とすることなどの問題もありました．

これに対し，ディジタル演算は基本的には電卓と同じように，高精度演算ができるとともに，原理的にドリフトがないことから複雑な演算処理が自由自在に実行できます．したがって，制御技術者が頭の中で考えたことをそのまま実現できるという優れた特徴をもっています．

7.1.2 ディジタル化の歴史

表7-1にディジタル制御システムのおもな歴史を示します．1946年に誕生した計算機ENIACは真空管式で，真空管1万8千本，抵抗7万個，コンデンサ1万個，手動スイッチ6千個，設置床面積170 m^2，重量30トンの巨大なものでした．しかし，その能力は現在のパソコンと比べて数万分の1以下というレベルでした．その後の半導体を中心とするマイクロエレクトロニクスの急速な発展を次々に反映して，性能を高めながら軽薄短小化が進んでいきました．

1973年にマイクロプロセッサ インテル4004（3×4 mm）が出現し，その能力は驚異的に高くてENIACと同等ものでした．これを制御演算に応用した**マイコン分散形DDC（Direct Digital Control）装置**が1975年に開発・実用化されました．この装置は，1個のマイクロプロセッサで8〜32ループの制御演算を処理するもので，従来の計算機による集中形DDCから8〜32ループ単位に機能および危険を分散し

表7-1 ディジタル制御システムのおもな歴史

年代	内容	備考
1946	計算機誕生(ENIAC)	真空管式
1959	計算機制御(テキサコ)	計算機による集中形DDC
1975	マイコン分散形DDC	本格的ディジタル化元年,8～32ループのDDC
1979	究極の分散形DDC	シングルループ形ディジタル・コントローラ
1981	CRTによる集中監視操作	CRTオペレーション時代へ
1989	CIE統合制御システム	C：計算機, I：計装, E：電気制御
1995	ライトサイジング・システム	パソコン化, オープン化, ディファクト化
1998	国際標準フィールドバス	ディジタル領域の拡大
2000	制御システムのIT化	

て制御システムを構築することを可能にしました.当時折しも産業界はオイルショックに直面しており,このマイコン分散形DDC装置は省エネルギと環境汚染防止をめざして,まず炉の燃焼制御から導入されていきました.これがプラント運転制御システムの本格的DDC化のスタートとなったことから,1975年は制御の「ディジタル化元年」とも呼ばれています.

　マイクロプロセッサの高性能化,コストダウンが進み,この成果を反映して,1979年には究極の分散と呼ばれる,マイクロプロセッサ1個で一つの制御ループを扱う**シングル・ループ形ディジタル・コントローラ**が誕生しました.これが,制御のアナログからディジタルへの移行を一気に加速することになり,1985年(昭和60年)ごろにはアナログPIDコントローラの生産は終焉を迎えることになりました.

　1980年代初めごろから,従来の制御パネルを用いた運転監視制御方式から,制御パネルをなくしたCRTオペレーション方式が導入され始め,その範囲や規模が拡大していきました.1980年の後半から,大規模システム対応の**CIE**(**C：Computer, I：Instrumentation, E：Electric control**)**統合制御システム**が登場して,計器室の統廃合による集中化,合理化が進展してきています.

　1995年ごろから世の中のダウンサイジングというメガ・トレンドに沿って,ライトサイジング(適正規模)化の流れが生まれ,産業用パソコンをプラント運転監視操作に用いる**パソコンDCS**(**Digital Control System**)が出現し,運転監視ソフトのディファクト化,ネットワークのオープン化などが進展しています.

　パソコンDCSに対して,従来のDCSを**本格的DCS**とか,**基幹産業向DCS**と呼んで区別することもあります.

　定性的制御を取扱う**PLC**(**Programable Logic Controller**)にPID制御などの定量的制御機能を付加した「PLC計装」と呼ばれるシステムも出現し,導入されています.

　フィールドと計器室間の信号伝送は,現状ではアナログ式が圧倒的に多い状態ですが,国際標準フィールドバスの制定によって,今後はディジタル化がさらに進展・拡大していくものと予測されています.

　現在,パソコンなどに多く使用されているインテルPentium4の能力は,初期インテル4004の1万8千倍に達しており,システムの高性能化に貢献しています.

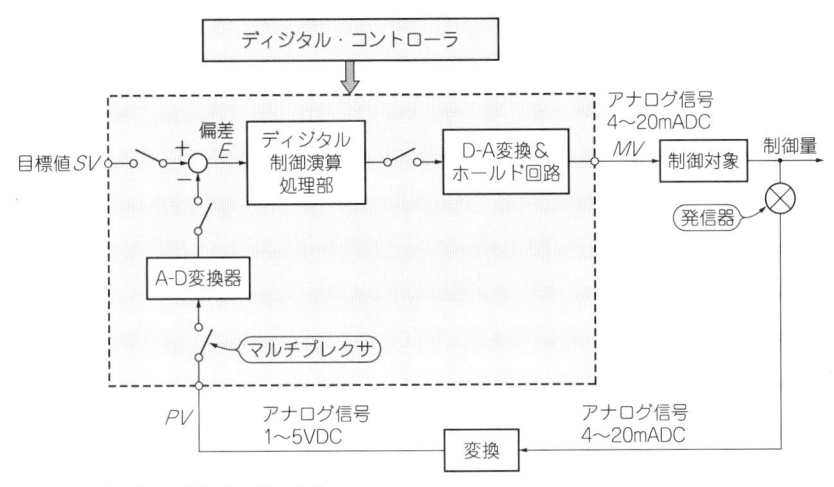

図7-1 ディジタル制御系の基本構成

7.1.3 ディジタル制御系の概念

ディジタル制御系の基本構成は一般的に図7-1に示すような形態となります．ディジタル・コントローラでは発信器から送られてくる電圧や電流などのアナログ信号を**A-D変換器**（Analog to Digital Converter）で0～1,000などの数値に変換し，この情報をもとに制御演算を行って弁開度を決め，操作端に信号を送り出します．

通常，操作端はアナログ信号で駆動されるものが多いため，演算結果のディジタル量は**D-A変換器**（Digital to Analog Converter）により，再びアナログ信号に変換され，出力されます．

ディジタル・コントローラの動作は，温度，圧力，流量，レベル，成分などのプロセス量PVを読み込み，目標値SVと比較し，両者が一致するように，つまり偏差Eがゼロになるように制御出力（弁開度）を決めます．この機能はアナログ・コントローラとまったく同じですが，アナログとディジタルの大きな違いは，ディジタルの場合には，サンプリングという動作が入ることです．すなわち，アナログ・コントローラでは入力信号は連続的に演算処理され，操作信号も連続量として得られるのに対して，ディジタル・コントローラではサンプリング周期と呼ばれる一定時間間隔で，入力，演算，出力の各動作が繰り返されます．

したがって，操作信号は連続的に変化するのではなく，サンプリング周期ごとに更新され，次回まで一定値に保持されるので，階段状の波形となります．

7.1.4 ディジタル系での信号表現

図7-2に，アナログ信号とディジタル信号の関係を示します．アナログ信号$Y(t)$は時間軸も空間軸も連続であるのに対して，ディジタル信号はサンプリング周期Δtごとの不連続量として取り扱うことになり，時間軸も空間軸も不連続となります．

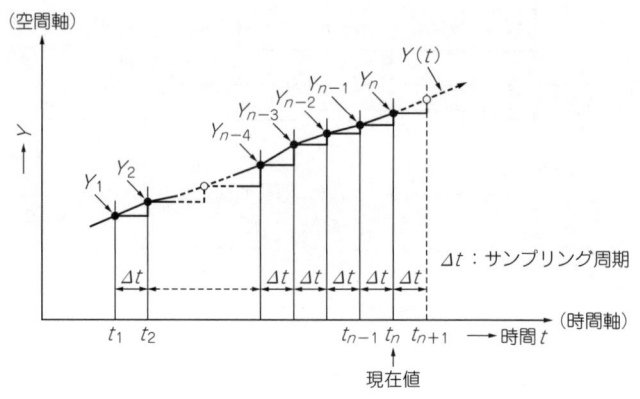

図7-2 アナログ信号とディジタル信号

現時点を $n \times \Delta t$（n は整数）とすれば，一つ前は $(n-1) \times \Delta t$ で，二つ前は $(n-2) \times \Delta t$ となるので，サフィックス n，$n-1$，$n-2$，…，2，1で各時点を表すようにすれば，

Y_n ：現時点，つまり t_n における $Y(t)$ の大きさを表します．
Y_{n-1} ：前回のサンプリング時点，つまり t_{n-1} における $Y(t)$ の大きさを表します．
Y_1 ：起点のサンプリング時点，つまり t_1 における $Y(t)$ の大きさを表します．

のように表現できることになります．

7.2 ディジタル変換法

7.2.1 ディジタル系への変換

アナログ演算式からディジタル演算式に変換する方法には，表7-2に示す三つの方法があります．図解法はPIDの時間領域式から偏差の図を用いて導く方法で，直感的で，アナログ系からディジタル系への移行プロセスがわかりやすいという特徴があります．しかし，適用領域が狭く，理想形PID程度の簡単なディジタル変換の場合に限定されます．これに対し，差分法やZ変換法はラプラス演算式を出発点として数式展開するので，直感的ではなく，わかりにくいが適用領域が広くなるという特徴をもっています．本書では，図解法および差分法を用いたディジタル変換について説明します．

表7-2 アナログ演算→ディジタル演算への変換方法

No.	変換方法	基礎式	わかりやすさ	適用範囲	不完全微分のディジタル変換
1	図解法	時間領域式（微分方程式）	○（直感的）	×（限定的）	×（できない）
2	差分法	ラプラス演算式↓微分方程式	×（非直感的）	○（広範囲）	○（できる）
3	Z変換法	ラプラス演算式	×（非直感的）	◎（より広範囲）	○（できる）

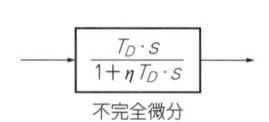

$$\frac{T_D \cdot s}{1 + \eta T_D \cdot s}$$

不完全微分

実際の場合には，三つの変換法の中で，用途に適した，理解しやすい方法を使えばよいと考えます．

7.2.2 位置形演算と速度形演算

ディジタル演算の場合に，前項の方法でディジタル化した信号をどのような形態で演算するかという問題があります．この演算形態に，**位置形（Position type）演算**と**速度形（Velocity type）演算**の二つがあります．前者は制御周期ごとに，出力の大きさを直接計算する方式で，「全値出力形（Whole value output type）演算方式」とも呼ばれます．これに対して，後者は制御周期ごとに変化分のみを計算し，これを前回値に加算して今回値を求める方式で，「インクリメンタル形（Incremental type）演算方式」とも呼ばれています．

PID演算としては，過渡的な信号処理，他系信号との組み合わせ，複雑な演算処理などに適している後者の速度形演算方式が多く使用されています．

7.2.3 ディジタル変換法

(1) 図解法によるディジタル変換

(7-1)式に示す時間領域で表現されたアナログPID制御基本式から，**図7-3**を用いて図解的にディジタルPIDアルゴリズムに変換する例について説明します．

$$MV = K_P \left(e + \frac{1}{T_I} \int e\,dt + T_D \frac{de}{dt} \right) \quad \cdots\cdots (7\text{-}1)$$

MV ：PID制御出力
e 　：偏差（＝目標値－実際値）
K_P ：比例ゲイン
T_I ：積分時間
T_D ：微分ゲイン

PID各項の制御出力の現在値を MV_{Pn}，MV_{In}，MV_{Dn}として，**図7-3**を参照しながら求めていきます．

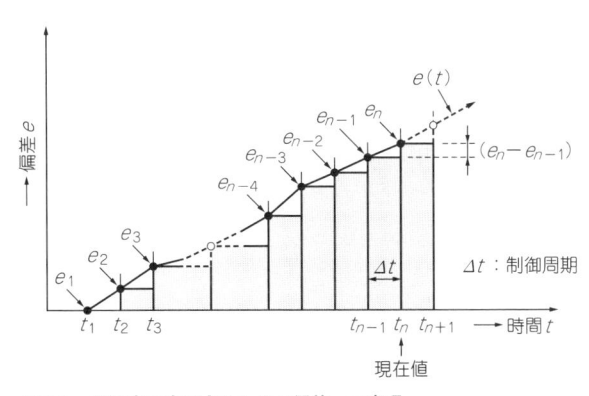

図7-3　図解法を適用するための偏差 e の表現

まずP制御出力MV_{Pn}は偏差の現在値e_nに比例したものであることから，(7-2)式となります．

$$MV_{Pn} = K_P \times e_n \quad\quad\quad\quad\quad\quad\quad\quad\quad\quad\quad\quad\quad\quad (7\text{-}2)$$

次にI制御出力MV_{In}は偏差の積分値(面積)に比例したものであることから，(7-3)式となります．

$$MV_{In} = K_p \frac{1}{T_I}(e_1 \times \Delta t + \cdots\cdots + e_n \times \Delta t)$$

$$= K_p \frac{\Delta t}{T_I} \sum_{i=1}^{n} e_i \quad\quad\quad\quad\quad\quad\quad\quad\quad\quad\quad\quad (7\text{-}3)$$

最後に，D制御出力MV_{Dn}は偏差の微分値(傾き)に比例したものであることから，(7-4)式となります．

$$MV_{Dn} = K_p \times T_D \frac{(e_n - e_{n-1})}{\Delta t} \quad\quad\quad\quad\quad\quad\quad\quad\quad (7\text{-}4)$$

PID制御出力MV_nは(7-2)〜(7-4)式を加算合成したもので，(7-5)式となります．この(7-5)式はいわゆる位置形演算式です．

$$MV_n = K_p \left[e_n + \frac{\Delta t}{T_I} \sum_{i=1}^{n} e_i + \frac{T_D}{\Delta t}(e_n - e_{n-1}) \right] \quad\quad\quad\quad\quad (7\text{-}5)$$

ここで速度形演算式を求めるために，(7-5)式からMVの前回値MV_{n-1}を求めると，(7-6)式となります．

$$MV_{n-1} = K_p \left[e_{n-1} + \frac{\Delta t}{T_I} \sum_{i=1}^{n-1} e_i + \frac{T_D}{\Delta t}(e_{n-1} - e_{n-2}) \right] \quad\quad\quad (7\text{-}6)$$

ここで(7-5)式から(7-6)式を差し引いて今回の変化分ΔMV_nを求めると，(7-7)式を得ます．

$$\Delta MV_n = MV_n - MV_{n-1}$$

$$= K_p \left[(e_n - e_{n-1}) + \frac{\Delta t}{T_I} e_n + \frac{T_D}{\Delta t}(e_n - 2e_{n-1} + e_{n-2}) \right] \quad (7\text{-}7)$$

したがって，MVの今回値MV_nは(7-8)式となります．

$$\underline{MV_n} = \underline{MV_{n-1}} + \underline{\Delta MV_n} \quad\quad\quad\quad\quad\quad\quad\quad\quad\quad (7\text{-}8)$$
（今回値）　（前回値）　（変化分）

(7-7)式および(7-8)式を用いて演算する方式が速度形ディジタルPIDアルゴリズムです．

図7-4にステップ状偏差が入った場合の理想形ディジタルPID制御出力波形を示します．偏差eが一定値なので，P制御出力は偏差eに比例した出力を発生し，I制御出力はどんどん出力を増加し続けることになります．D制御出力は偏差eが変化したときのみ，パルス状の出力を発生していますが，これには実用上の問題があります．それは制御周期Δtが一般的に1秒以下と小さく，マイクロプロセッサの高性能化にともない0.5秒，0.1秒と，さらに小さくなる傾向にあるものの，このような短い時間幅のパルスでは操作端が作動するだけのエネルギを与えることができないため，微分動作が有効に働かないという問題です．そのうえ，制御周期Δtに逆比例して，微分ゲインが大きくなり，プロセスからの入力信号に含まれるノイズを微分拡大して不安定になるという問題も併発します．これは微分として，完

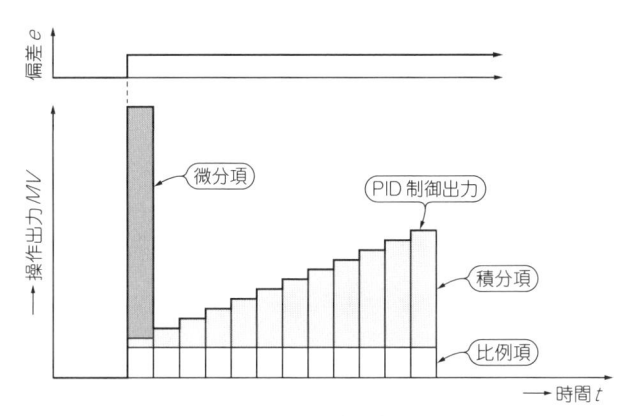

図7-4 ステップ偏差に対する理想形ディジタルPID制御出力波形

全微分を用いている理想ディジタルPIDアルゴリズムのために生じる問題です．

この問題を解決するために，前章で説明したように，微分として実用(不完全)微分を用いる実用ディジタルPIDアルゴリズムがあります．

(2) 差分法によるディジタル変換

以上述べたように図解法はアナログ式からディジタル式への変換に図を用いるため，アナログ式からディジタル式への移行過程が直感的で，わかりやすいという特徴をもっていますが，その反面，実用微分などのように少し複雑な演算になると適用できなくなるという限界をもっています．わかりやすくて，適用制限がないというような便利な方法は一般的に存在しません．しかし，問題が発生したとき，ディジタル演算式がなぜこうなるのかという変換の本質を理解していないと問題解決に手が出せないので，ディジタル変換法をしっかり修得しておく必要があります．

次に，差分法を用いた実用ディジタルPIDアルゴリズムの導出について述べます．

実用(不完全)微分を用いた実用・偏差形PIDをラプラス演算子sを用いた伝達関数の形で表すと(7-9)式となります．

$$\frac{MV(s)}{E(s)} = K_P \left(1 + \frac{1}{T_I \cdot s} + \frac{T_D \cdot s}{1 + \eta T_D \cdot s} \right) \quad \cdots\cdots(7\text{-}9)$$

$MV(s)$：PID制御出力

$E(s)$：偏差

K_P　：比例ゲイン

T_I　：積分時間

T_D　：微分時間

η　：微分係数($\eta = 0.1 \sim 0.125$)

ここでは，図解法ではできない実用微分のディジタル変換を差分法を用いて行います．P項やI項については，実用微分のディジタル変換を見ならって行うと簡単に変換できます．

ラプラス演算子sを用いた伝達関数で表現されたアナログ演算式を出発点として，次に示す手順に沿って説明します．

$$E(s) \xrightarrow{\text{偏差}} \boxed{\frac{T_D \cdot s}{1+\eta T_D \cdot s}} \xrightarrow{\text{出力}} Y(s)$$

【手順1】 まず実用微分をラプラス演算子sを用いた伝達関数の形で表します．

$$\frac{Y(s)}{E(s)} = \frac{T_D \cdot s}{1+\eta T_D \cdot s} \quad \cdots\cdots\cdots\cdots\cdots\cdots\cdots\cdots\cdots\cdots\cdots\cdots\cdots\cdots\cdots\cdots (7\text{-}10)$$

【手順2】 次にラプラス方程式を微分方程式に書き換えます．

(7-10)式の分母をはらって変形して，(7-11)式とします．

$$Y(s) + \eta T_D \cdot s \cdot Y(s) = T_D \cdot s \cdot E(s) \quad \cdots\cdots\cdots\cdots\cdots\cdots\cdots\cdots\cdots (7\text{-}11)$$

次に(7-11)式を微分方程式に変換すると(7-12)式となります．

$$y + \eta T_D \frac{dy}{dt} = T_D \frac{de}{dt} \quad \cdots\cdots\cdots\cdots\cdots\cdots\cdots\cdots\cdots\cdots\cdots\cdots\cdots (7\text{-}12)$$

【手順3】 近似して差分形に変換します．

(7-13)式のように近似して，これを(7-12)式に代入すると，(7-14)式となります．

$$\frac{dy}{dt} = \frac{y_n - y_{n-1}}{\Delta t}, \quad \frac{de}{dt} = \frac{e_n - e_{n-1}}{\Delta t} \quad \cdots\cdots\cdots\cdots\cdots\cdots\cdots (7\text{-}13)$$

$$y_n + \eta T_D \frac{y_n - y_{n-1}}{\Delta t} = T_D \frac{e_n - e_{n-1}}{\Delta t} \quad \cdots\cdots\cdots\cdots\cdots\cdots\cdots (7\text{-}14)$$

さらに(7-14)式を変形すると，(7-15)式を得ます．

$$y_n = \frac{\eta T_D}{\Delta t + \eta T_D} y_{n-1} + \frac{T_D}{\Delta t + \eta T_D} (e_n - e_{n-1}) \quad \cdots\cdots\cdots\cdots (7\text{-}15)$$

この(7-15)式は制御周期ごとに出力の大きさを直接計算しています．これがいわゆる実用微分の位置形ディジタル演算式です．

【手順4】 さらに代数操作をして，速度形ディジタル演算式に変形します．

つまり，(7-15)式を「今回値」＝「前回値」＋「変化分」の形に変形します．

$$\begin{aligned}
y_n &= y_{n-1} + \left(-y_{n-1} + \frac{\eta T_D}{\Delta t + \eta T_D} y_{n-1} + \frac{T_D}{\Delta t + \eta T_D} (e_n - e_{n-1}) \right) \\
&= y_{n-1} + \underbrace{\frac{T_D}{\Delta t + \eta T_D} (e_n - e_{n-1}) - \frac{\Delta t}{\Delta t + \eta T_D} y_{n-1}}_{\text{変化分}} \quad \cdots\cdots (7\text{-}16)
\end{aligned}$$

今回値　前回値

このようにして得られた(7-16)式が，実用微分の速度形ディジタル演算式です．P項およびI項の速度形ディジタル演算式は同じ手順で，実用微分よりも簡単に導くことができます．

7.2.4 実用偏差速度形ディジタルPID演算式

前記結果を総合した実用偏差速度形ディジタルPID演算式を(7-17)式に示します。

$$\left[\begin{array}{l} MV_n = MV_{n-1} + \Delta MV_n \\ \Delta MV_n = K_P\left((e_n - e_{n-1}) + \dfrac{\Delta t}{T_I} e_n\right) + \Delta y_n \end{array}\right] \quad \cdots\cdots\cdots\cdots\cdots\cdots\cdots\cdots (7\text{-}17)$$

$$\left[\begin{array}{l} \Delta y_n = \dfrac{Kp \cdot T_D}{\Delta t + \eta T_D}(e_n - e_{n-1}) - \dfrac{\Delta t}{\Delta t + \eta T_D} y_{n-1} \\ y_n = y_{n-1} + \Delta y_n \end{array}\right] \quad \cdots\cdots\cdots\cdots\cdots\cdots\cdots\cdots (7\text{-}18)$$

7.2.5 実用測定値微分先行形ディジタルPID演算式

測定値微分先行形は目標値SVの変化に対して微分動作が効かないようにして、目標値変化によって生じるキックを小さくし、プロセスに与えるショックを防止したものです。これに対応するためには、微分演算のみに対して$SV_n = SV_{n-1}$として、他の部分は偏差形PIDと同じ演算をすればよいことになります。

具体的には、(7-18)式において$(e_n - e_{n-1})$の部分のみを$(PV_{n-1} - PV_n)$に置き換えて(7-20)式のようになります。

$$\left[\begin{array}{l} MV_n = MV_{n-1} + \Delta MV_n \\ \Delta MV_n = K_P\left((e_n - e_{n-1}) + \dfrac{\Delta t}{T_I} e_n\right) + \Delta y_n \end{array}\right] \quad \cdots\cdots\cdots\cdots\cdots\cdots\cdots\cdots (7\text{-}19)$$

$$\left[\begin{array}{l} \Delta y_n = \dfrac{Kp \cdot T_D}{\Delta t + \eta T_D}(PV_{n-1} - PV_n) - \dfrac{\Delta t}{\Delta t + \eta T_D} y_{n-1} \\ y_n = y_{n-1} + \Delta y_n \end{array}\right] \quad \cdots\cdots\cdots\cdots\cdots\cdots\cdots\cdots (7\text{-}20)$$

7.2.6 実用測定値比例微分先行形ディジタルPID演算式

測定値比例微分先行形は目標値SVの変化に対して比例動作と微分動作が効かないようにして、目標値変化によって生じるキックをさらに小さくし、プロセスに与えるショックを防止したものです。これに対応するためには、比例動作と微分動作の演算に対して$SV_n = SV_{n-1}$として、ほかの部分は偏差形PIDと同じ演算をすればよいことになります。

具体的には、(7-17)および(7-18)式において$(e_n - e_{n-1})$の部分を$(PV_{n-1} - PV_n)$に置き換え、(7-21),(7-22)式のようになります。

$$\left[\begin{array}{l} MV_n = MV_{n-1} + \Delta MV_n \\ \Delta MV_n = K_P\left((PV_{n-1} - PV_n) + \dfrac{\Delta t}{T_I} e_n\right) + \Delta y_n \end{array}\right] \quad \cdots\cdots\cdots\cdots\cdots\cdots\cdots\cdots (7\text{-}21)$$

$$\left[\begin{array}{l} \Delta y_n = \dfrac{Kp \cdot T_D}{\Delta t + \eta T_D}(PV_{n-1} - PV_n) - \dfrac{\Delta t}{\Delta t + \eta T_D} y_{n-1} \\ y_n = y_{n-1} + \Delta y_n \end{array} \right] \quad \cdots\cdots\cdots\cdots\cdots\cdots\cdots\cdots\cdots\cdots\cdots\cdots\cdots\cdots\cdots (7\text{-}22)$$

7.2.7 制御出力波形

図7-4にステップ偏差に対する理想形ディジタルPID制御出力波形を示しました．偏差が一定値のため，P制御出力は偏差eに比例した出力を発生し，I制御出力はどんどん出力を増加し続けることになります．D動作はパルス状の出力となり，高周波ノイズを過度に増幅するとともに，操作端が動くエネルギを与えることができないため，微分動作もしないことになります．図7-5にステップ偏差に対する偏差ディジタルPID制御出力波形を示します．比例項および積分項の出力波形は理想形と同じですが，微分項の出力は実用（不完全）微分となっているため，偏差のステップ変化に対して，微分ゲインに対応した出力を出したのち，なだらかに減衰することによって操作端が動くエネルギを与えることができ，

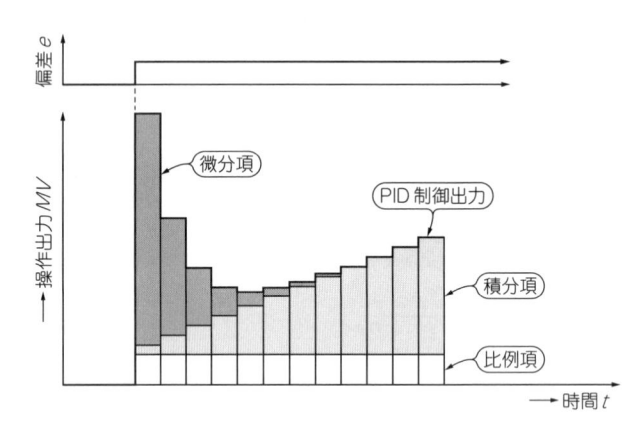

図7-5　ステップ偏差に対する偏差ディジタルPID制御出力波形

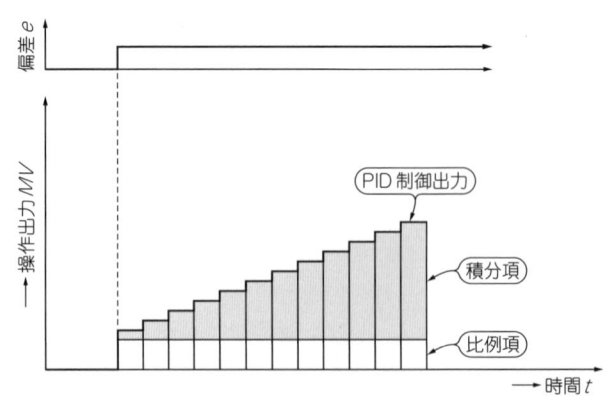

図7-6　ステップ偏差に対する測定値微分先行形ディジタルPID制御出力波形（目標値変化時）

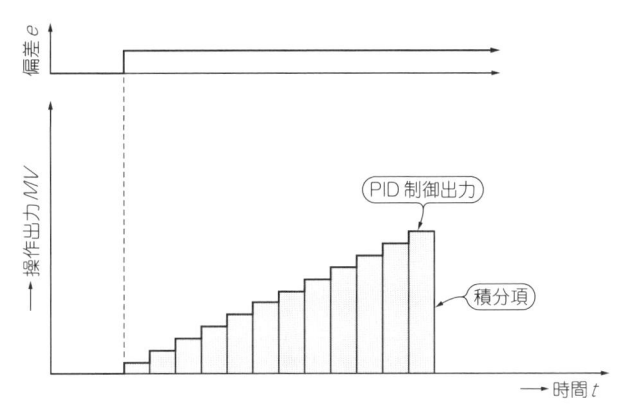

図7-7　ステップ偏差に対する測定値比例微分先行形ディジタルPID制御出力波形（目標値変化時）

微分が有効に働くようになっています．これに対して測定値微分先行形ディジタルPID制御の出力波形を図7-6に示すように，目標値変化に対しては微分動作が効かないようになっています．

実際のコントローラに実装されているPIDアルゴリズムとしては，実用微分を採用し，さらに目標値変化に対して微分動作を効かないようにした測定値微分先行形の速度形ディジタルPID演算方式が多く使用されています．さらに，目標値変化に対して，比例動作も効かないようにした測定値比例微分先行形ディジタルPID制御の出力波形を図7-7に示します．目標値が変化したときの偏差に対しては積分動作のみが効くことになります．

温度プログラム制御などでは，目標値追従特性を改善するために，目標値変化に対する比例および微分動作を活用しなければならないケースもあります．したがって，一つの方式ではすべての目的に最適とならないため，PID制御の本質を理解して，第10章で説明する2自由度PID制御を駆使されることを推奨します．

7.3　本質継承・速度形ディジタルPID制御演算方式

これまで，ディジタルPIDコントローラの演算方式としては，位置形と速度形を説明してきました．コントローラ機能からみると，両者は同等ですが，工業用としては，速度形のほうが下記の点で優れており，多く使用されています．

1) 一般的に工業用としては，ほかの信号やほかのコントローラと複雑に組み合わせて，個別問題最適化や高度化することが必要になりますが，これらの組み合わせが容易です．
2) コントローラ動作の自動⇔手動切換えのバランスレス・バンプレス化が容易です．
3) PIDパラメータ値の設定変更時のバランスレス・バンプレス化が容易です．
4) 操作端や制御対象などの非線形特性補正が容易です．

　一般的に，操作端は操作信号に比例して操作量を増減します．ここでは，これに対応するディジタル・

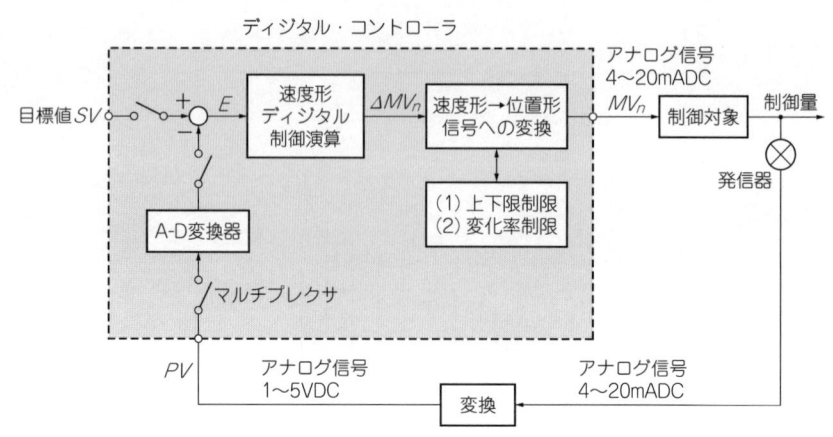

図7-8 速度形信号→位置形信号への変換

コントローラのあり方について説明します．
　速度形ディジタルPIDアルゴリズムをコントローラに実装する場合は，図7-8に示すようにPID制御をディジタル演算した結果の速度形操作信号 ΔMV_n を(7-23)式を用いて，位置形信号に変換したのち，操作信号 MV_n として出力しなければなりません．

$$MV_n = MV_{n-1} + \Delta MV_n \quad\cdots\cdots\cdots\cdots\cdots\cdots\cdots\cdots\cdots\cdots\cdots\cdots\cdots\cdots\cdots\cdots\cdots\cdots\cdots\cdots\cdots\cdots\cdots\cdots\cdots\cdots\cdots\cdots\cdots\cdots\cdots\cdots\cdots\cdots\cdots\cdots\cdots\cdots\cdots\cdots\cdots\cdots (7\text{-}23)$$

　工業用コントローラとしては，基本的に次の二つの制限を標準装備しています．
1) 上下限制限
2) 変化率制限

　1)の上下限制限は通常，上限は100％，下限は0％ですが，エネルギ供給上限を80％に抑制したり，冷却系では下限10％など設定して安全を確保できるように制限する場合が多くあります．2)の変化率制限では，制御面から見ると制御量の一定値維持のためには操作量の急変は必要ですが，操作端や制御対象に与えるショックを抑制して設備保護をしたり，ウォータハンマ(水撃作用)を防止してプロセスへの衝撃を抑制してスムーズに状態遷移をして，不要な混乱や品質の急変を防止する機能をもたせるもので，実際のプラント運転では安全維持のために必要不可欠な制限機能となっています．
　しかし，速度形操作信号から位置形操作信号に単純に変換すると，大きな副作用が発生するので，注意しなければなりません．この点に注目しながら，工業用として安全なコントローラを実現することに重点を置いて説明を展開していきます．

7.3.1　従来形速度形ディジタルPIDコントローラの問題点

(1) 従来形の構成

　速度形ディジタルPID演算出力信号 ΔMV_n に必要な基本的非線形動作を課して位置形信号に変換する，従来形の機能構成を図7-9に示します．ΔMV_n を変化率制限に導いて制御周期あたりの所要制限を課した出力信号 $\Delta MV_n'$ を得ます．これを上下限制限付きディジタル積分器に印加し，(7-24)式に示す

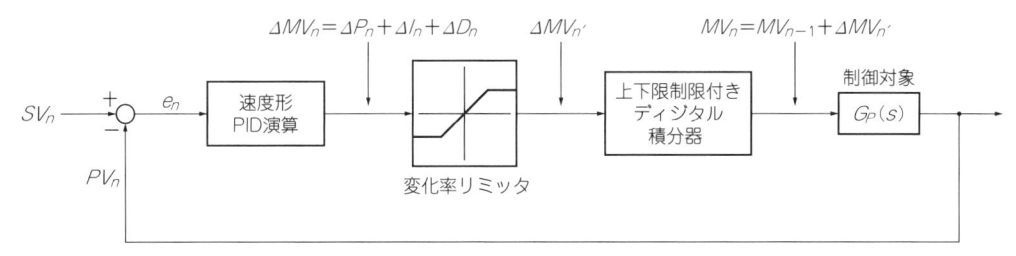

図7-9 従来形の速度形ディジタルPIDコントローラの構成

ディジタル積分演算をして，位置形ディジタル信号 MV_n に変換します．

$$\begin{bmatrix} L \leq MV_{n-1} + \Delta MV_n' \leq H \text{のとき：} MV_n = MV_{n-1} + \Delta MV_n' \\ H < MV_{n-1} + \Delta MV_n' \text{のとき：} MV_n = H \\ L > MV_{n-1} + \Delta MV_n' \text{のとき：} MV_n = L \end{bmatrix} \quad \cdots\cdots(7\text{-}24)$$

この MV_n をD-A変換器を用いてアナログ信号に変換したあと，統一直流電流信号（4〜20 mADC）として制御対象に送り出しています．

図7-9を見ると，基本的非線形動作の上下限制限および変化率制限がシンプルな構成で実現されており，表面的には何の問題もないように見えます．ところが，詳細に調べてみますと，従来方式は操作信号 MV がまったく制限を受けない線形領域では問題ありませんが，上下限制限および変化率制限を越えた非線形領域では，次に示す三つの問題を生じてしまいます．

(2) 第1の問題点：上下限制限による引き戻し問題

これは上下限制限付きディジタル積分器を用いることによって生じる問題です．例として，偏差がステップ状に変化した場合の動作を考えます．変化が生じた直後の短時間の間は ΔI_n（速度形積分制御信号）はほとんどゼロで，ΔP_n（速度形比例制御信号），ΔD_n（速度形微分制御信号）が大きな値をもっています．上限制限をしない場合の操作信号 MV を図7-10(a)に示すものとして，これに上限制限 H を課すと，図7-10(b)の挙動を示します．これは上限制限を課すと，初回の操作信号 MV は上限値 H で抑えられ，その後微分のために負の ΔD_n が加えられ（この現象を微分による引戻現象と呼ぶ），その結果，

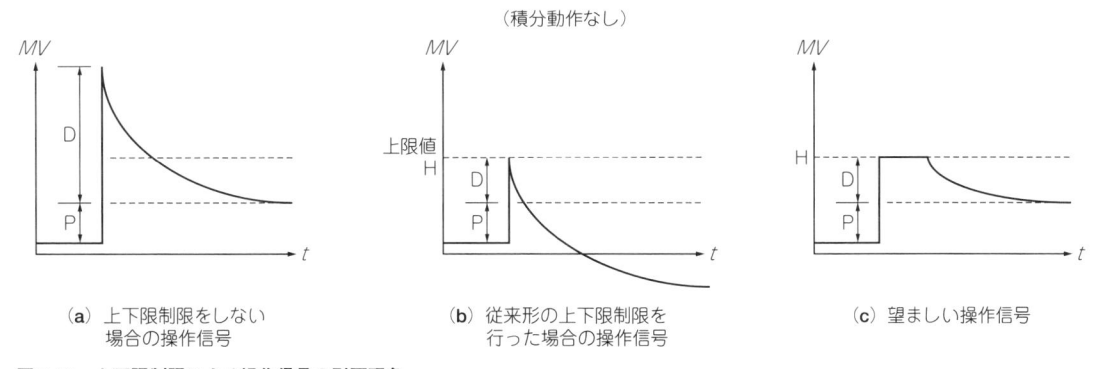

図7-10 上下限制限による操作信号の引戻現象

7.3 本質継承・速度形ディジタルPID制御演算方式

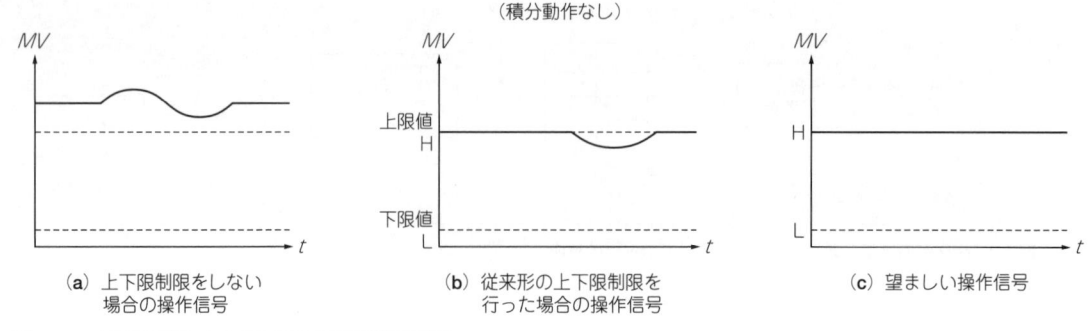

図7-11 上下限制限による操作信号の飽和時変動現象

偏差がステップ変化後の操作信号MVは図7-10(b)に示すような挙動をします．すなわち，望ましい操作信号MVは図7-10(c)ですが，過渡状態でD動作が逆効果となり，操作信号MVが一時的に逆方向に引き戻されて，小さい値に設定されてしまいます．

(3) 第2の問題点：上下限制限による飽和時変動問題

これも上下限制限付きディジタル積分器に起因するもので，操作信号が上下限制限の範囲を逸脱してしまっている状態で，偏差が変動したときに生じます．図7-11(b)は操作信号MVが上限値Hを越えている場合を例示したもので，操作信号MVが増加する方向の変化に対して，上下限制限付きディジタル積分器は受け付けないで，操作信号MVは上限値Hに保持されますが，減少方向の変化に対しては積分器が受け付けてしまって，操作信号MVが上限値Hより小さくなる部分が生じます．この場合には，制限しない場合[図7-11(a)]は操作信号MVは上限値H以上になっているのですから，このような変動は本来あってはならないものです．つまり，望ましい操作信号MVは図7-11(c)に示すようになる必要があります．

(4) 第3の問題点：変化率制限による引戻問題

これは変化率制限に起因する問題で，PまたはD動作による変化が変化率制限を逸脱した場合に生じます．たとえば，偏差が急増した場合に，その増加分に対する速度形信号の大部分が切り捨てられます．これはPおよびD動作の速度形信号が切り捨てられ，その直後からD動作による引き戻しが発生し，操作信号MVは図7-12(b)に示すように望ましい値[図7-12(c)]よりも大幅に小さく設定されてしまいます．

7.3.2 PIDの本質継承のための基本原則

以上述べた三つの問題が生じると，いずれの場合も操作信号MVは本来あるべき値から大幅にずれてしまうので制御応答が遅れる，制御性が劣化する，安全性が低下する，省エネルギ効果が相殺されるなど，実用上種々の大きな障害が生じます．これは従来方式がシンプルな機能構成で，基本的非線形動作の上下限制限と変化率制限という必要条件は満たしていますが，制御の本質から見た十分条件を満足していないことに起因しています．

(a) 上下限制限をしない場合の操作信号

(b) 従来形の上下限制限を行った場合の操作信号（積分動作なし）

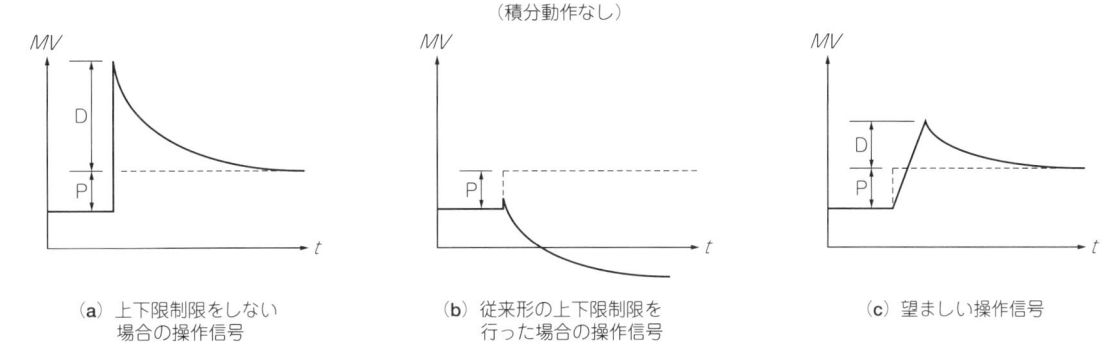

(c) 望ましい操作信号

図7-12 変化率制限による操作信号の引戻現象

図7-9に示す従来形の速度形ディジタルPIDコントローラの構成で，操作信号MV_nを計算する前に，PIDの3動作，つまりP（比例），I（積分），D（微分）の各速度形制御信号ΔP_n，ΔI_n，ΔD_nを加算した速度形操作信号$\Delta MV_n(=\Delta P_n+\Delta I_n+\Delta D_n)$を単純に制限したり，切り捨ててしまうと，制限しない場合の操作信号に関する記憶が失われてしまいます．この性質は速度形PIDアルゴリズムの取り扱い方によって長所とも，短所ともなる「両刃の剣」的特徴ですが，従来形の三つの問題点の場合には短所となって問題を引き起こしています．

速度形信号を切り捨てたときの影響と関係深い「基準値」という視点から，PID制御の特徴をまとめてみると，表7-3のようになります．すなわち，I動作は特定の条件下で特定の値を取らなければならないという基準値をもっていないので，I動作の速度形信号は必要に応じて自由自在に切り捨てることができます．

しかし，P動作では偏差eが0のとき出力が0に，またD動作では偏差eが変化しないときに出力が0にならなければならないという基準をもっています．つまり特定条件下で0にならなければならないという「ゼロ基準」をもっています．もし，PまたはD動作の速度形信号を制限したり，切り捨てたりすると，前記の条件下で出力が0に戻らなくなります．このことから考えると，PおよびD動作の演算処理

表7-3　PID制御の本質を継承するための演算処理上の基本原則

項目	I：積分	P：比例	D：微分
連続時間のときの演算式	$K_P \times \dfrac{1}{T_I} \times \int e\,dt$	$K_P \times e$	$K_P \times T_D \times \dfrac{de}{dt}$
出力信号の基準値	不定位（基準値なし）	偏差eのとき，出力＝0	偏差不変時に出力＝0
制御演算を行う場合の速度形信号の切り捨て可否	可（リセット・ワインドアップ防止と自動復旧の機能をもたせる演算処理で必要に応じて可）	不可（速度形信号を切り捨てると，基準値の条件を満たさなくなる）	不可
演算処理上の基本原則	制限オーバー量を拡大させる方向の速度形信号は制限または切り捨てる	速度形信号を絶対に制限したり，切り捨てたりしてはならない	

注▶ e：偏差，K_P：比例ゲイン，T_I：積分時間，T_D：微分時間

においては，速度形信号を絶対に制限したり，切り捨てたりしてはならないという制約条件が課せられることがわかります．またI動作の演算処理においては，操作信号が制限に引っ掛かっているときのリセット・ワインドアップ（過積分）防止機能および操作信号を正常制御範囲に自動的に引き戻す機能をもたせるために，上下限制限，変化率制限などの制限に引っ掛かっているときに制限オーバ量を拡大させる方向の速度形信号は制限または切り捨てし，制限オーバ量を減少させる方向の速度形信号は制限および切り捨てをしないで正常な積分をさせるという制約条件が課せられることになります．

以上をまとめると，速度形PIDアルゴリズムにおいて，PID制御の本質を継承させるためには，演算処理過程で，次の基本原則を遵守しなければならないということになります．

基本原則1：P動作とD動作の速度形信号は絶対に制限したり，切り捨てたりしてはならない．
基本原則2：I動作の速度形信号は制限オーバ量を拡大させる方向のときには制限または切り捨てる．そのほかの場合は正常に積分をする．

図7-9に示す従来形の速度形ディジタルPIDコントローラの構成が，この基本原則を遵守しているかどうかをチェックしてみます．まず変化率制限では，操作信号の変化率が制限値を逸脱すると，速度形信号 ΔMV_n（$= \Delta P_n + \Delta I_n + \Delta D_n$）を切り捨てるので，$\Delta MV_n$ の中に含まれているP動作の速度形信号 ΔP_n とI動作の速度形信号 ΔI_n とD動作の速度形信号 ΔD_n を無条件に制限または切り捨てていることになります．また上下限制限においても，操作信号 MV_n が上下限制限を逸脱した場合には，変化率制限後の速度形信号 $\Delta MV_n'$ を切り捨てるために，$\Delta MV_n'$ の中に含まれている ΔP_n，ΔI_n および ΔD_n を無条件に切り捨ててしまうことになります．偏差 e_n が変化した場合，一般に ΔI_n の値は小さく，ΔP_n および ΔD_n は大きい値となるため，ΔMV_n や $\Delta MV_n'$ を制限したり，切り捨てることは，主として ΔP_n や ΔD_n を制限したり，切り捨てていることになります．つまり，従来形はPID制御の本質を継承させるための演算処理上の基本原則1および2に違反しており，これが前述した三つの問題点を生じさせる原因となっていることになります．

7.3.3 本質継承・速度形ディジタルPID制御演算方式の構成

前項のPID制御の本質を継承させるための基本原則を遵守した本質継承・速度形ディジタルPID制御演算方式の機能ブロック構成を図7-13に示します．図から明らかなように，P動作の速度形信号 ΔP_n とD動作の速度形信号 ΔD_n は何らの制限を課すことなく，ディジタル積分器で位置形信号に変換した後で，上下限制限ならびに変化率制限を課しています．一方，I動作の速度形信号 ΔI_n には必要な制限，つまり基本原則2を課しています．基本原則2を実現するための厳密な計算式は省略します．ここでは，厳密な計算式を実用上，まったく支障のない範囲でもっとも簡略化した方法を紹介します．この簡略法は図7-13に示すように，上下限制限の入力と変化率制限の出力との差，つまり制限オーバ量 δ_n（$= \Delta MV_n' - \Delta MV_n'''$）を取り出して，その前回値 δ_{n-1} とI動作の速度形信号 ΔI_n を用いて(7-25)式の関係で積分動作をコントロールしています．

$$\left.\begin{array}{l} \Delta I_n \times \delta_{n-1} \leq 0 \text{のとき：} \Delta I_n' = \Delta I_n \quad \text{（正常積分）} \\ \Delta I_n \times \delta_{n-1} > 0 \text{のとき：} \Delta I_n' = 0 \quad \text{（積分停止）} \end{array}\right\} \quad \cdots\cdots (7\text{-}25)$$

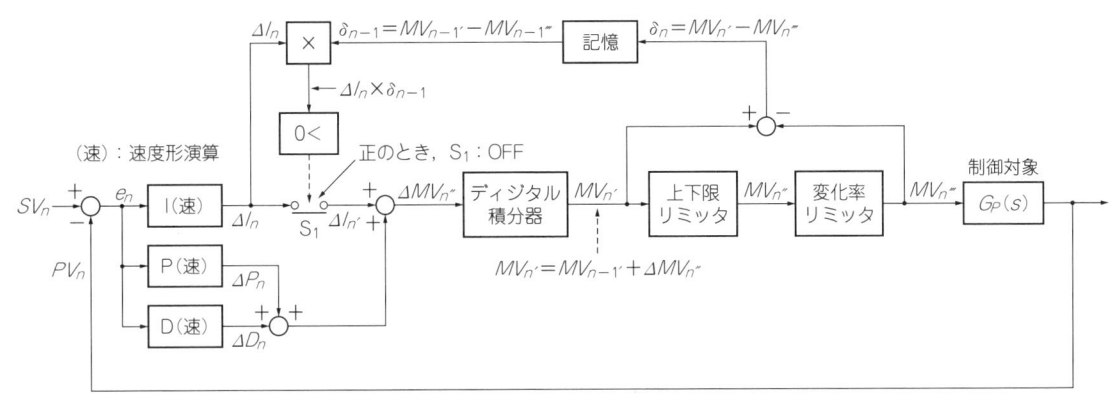

図7-13 本質継承・速度形ディジタルPIDの機能ブロック構成

　この(7-25)式が意味するところは，制限に引っ掛かっていないときおよび制限に引っ掛かっていてもΔI_nとδ_{n-1}が異符号のとき，つまり積分動作が制限オーバ量を減少させる方向のときには正常積分し，逆にΔI_nとδ_{n-1}が同符号のとき，つまり積分動作が制限オーバ量を拡大させる方向のときには積分を停止するということです．つまり，図7-13に示す本質継承・速度形ディジタルPIDの機能ブロック構成はPID制御の本質を継承させるための演算処理上の基本原則1および2を完全に遵守しています．

7.3.4 従来形と本質継承形の応答比較

　ここでは両者のシミュレーション結果を参照しながら，三つの問題点がどのように解決されているかについて確認し，本質継承形の特徴を明確にします．

(1) 第1の問題点の解決

　従来形の第1の問題点は，「上下限制限による操作信号の引き戻し現象」です．これは上下限制限付きディジタル積分器を用いることによって生ずる現象です．

　例として，微分が実用(不完全)微分で偏差がステップ変化したときのシミュレーション結果を図7-14に示します．現象をわかりやすくするために積分動作はなしとしています．偏差に変化が生じた直後の短時間の間はΔI_nはほとんど0であって，ΔP_nとΔD_nだけが大きな値をもっています．したがって，変化直前の操作信号MVが上限に近い値になっていると，従来形では初回の操作信号は上限制限値70%で抑えられて，70%をオーバした部分の速度形信号は切り捨てられて消滅してしまいます．その後，実用微分の負のΔD_nが加えられ(この現象を実用微分による引き戻しと呼ぶ)その結果，偏差変化後の従来形の操作信号は図7-14の点線のような挙動を示します．すなわち，過渡状態でD動作が逆効果となり，操作信号が逆方向に大きく引き戻され，制御応答の遅れ，乱れ，発振などや安全性の劣化を引き起こします．これに対し，本質継承形の場合は，図7-14に実線で示すように，上限制限なしの場合(鎖線)の上限制限値70%以上のみを切り取った形状の応答となっています．これは，PID制御が上限制限時に期待される操作信号の挙動そのものです．したがって，本質継承形は従来形の第1の問題点を解決していることになります．

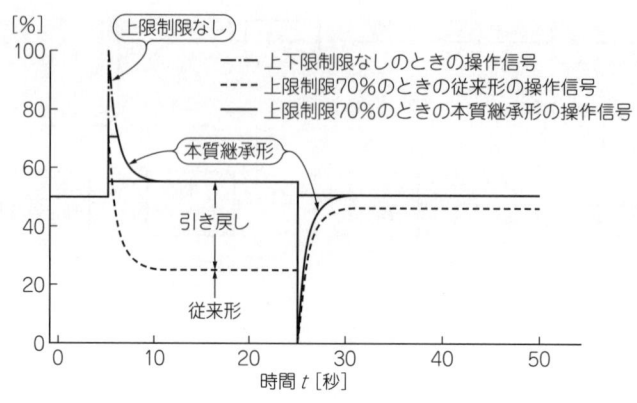

図7-14 上下限制限時の影響比較(積分動作なし)

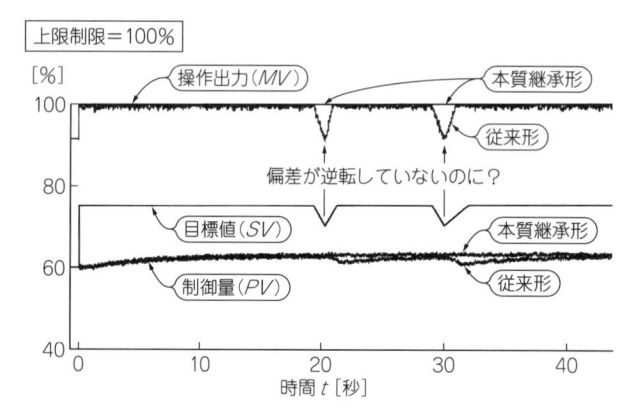

図7-15 上下限制限による操作信号の飽和時変動現象の比較

(2) 第2の問題点の解決

　従来形の第2の問題点は，「上下限制限による操作信号の飽和時変動現象」です．これも第1の問題点と同じように上下限制限付きディジタル積分器を用いることによって生じる現象で，操作信号が上下限制限の範囲をオーバしてしまっている状態で偏差が変動したときに現れるものです．図7-15は，操作信号MVが上限100％を越えている場合を比較したものです．従来形の場合には正方向の偏差に対しては制限動作が働いて操作信号MVは上限値100％に保持されますが，負方向の偏差が与えられると制限動作が働かないで操作信号MVが上限値100％より小さくなる部分が生じます．また従来形の場合には，制御量PVにノイズが入っていると，その影響が操作信号MVに現れ，また大きい偏差がある状態で目標値SVを変化させると図に示すように操作信号MVが変化してしまいます．偏差は正方向に大きな値になっている状態ですから，このような変動はあってはならないものです．

　図7-15に従来形と同一条件での本質継承形の場合の挙動を重ね書きしています．この本質継承形の挙動は図に示すように，操作信号MVには制御量PVに含まれるノイズの影響もまったく現れないし，

88　　第7章　ディジタル制御の実際

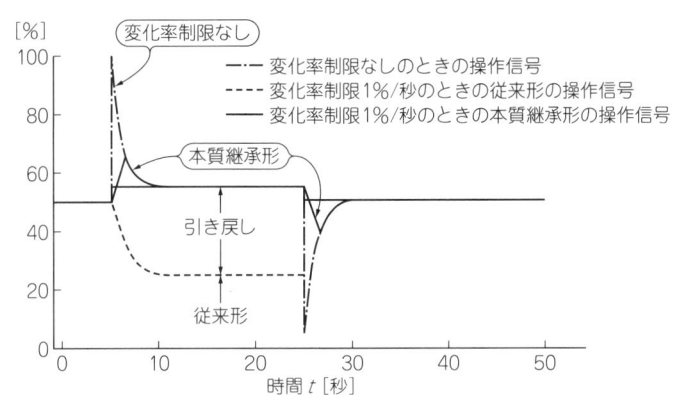

図7-16 変化率制限時の影響比較（積分動作なし）

目標値SVを変化させた影響もまったく現れていません．これが操作信号MVが上下限制限範囲をオーバしてしまっている状態で偏差が変動したときの期待される挙動です．したがって，本質継承形は従来形の第2の問題点も解決していることになります．

(3) 第3の問題点の解決

従来形の第3の問題点は，「変化率制限による操作信号の引き戻し現象とP動作の消失」です．これは変化率制限に起因する現象で，PまたはD動作による変化が変化率制限をオーバした場合に生じます．従来形の場合は，偏差が急激に増加した場合，その増加分に対する速度形信号の大部分が切り捨てられます．そのため，その直後から引き戻しが発生し，操作信号MVは図7-16に示すように大きく引き戻されて，あるべき値より大幅に小さく設定されてしまいます．これに対して，本質継承形の場合は，図7-16に示すように，変化率制限なしの場合の応答に向かって所定の変化率制限で応答し，その後P動作出力値と一致しています．これは，PID制御が変化率制限時に期待される操作信号の挙動そのものです．したがって，本質継承形は従来形の第3の問題点をも解決していることになります．

7.3.5 まとめ

以上，シミュレーション・チャートを用いて説明したように，本質継承形は従来形がもっていた三つの問題点を完全に解決していることを理解していただけたことと思います．本質継承形によって，従来形の操作信号があるべき値から大幅にずれてしまうことに起因する制御応答遅れ，制御性や安全性の低下，最適化や省エネルギ効果の相殺の問題が解決され，実際のプラント運転システムの制御性および安全性が一段と高度化されることになります．また，この本質継承形演算方式は，PIDコントローラが具備すべき基本機能であるリセット・ワインドアップ（過積分）防止機能も兼備していることも大きな特徴となっています．

第8章　制御系の応答と制御評価指標

8.1　制御系の基本機能

　制御系がもつべき基本機能は，二つあります．一つは目標値を変化させたとき，制御量をいかに速く追従させるかという「目標値追従」機能です．もう一つは制御系に外乱が入ったとき，その影響をいかに抑制するかという「外乱抑制」機能です．これらの応答特性がどのようになるかを評価するために，**図8-1**に示す制御系を構成します．PID制御を評価する場合には，制御方式としてPID制御を実装します．制御対象は実プラントを使用するケースもありますが，多くの場合は制御対象の千差万別の特性を特定モデルに近似して用います．

　一般に，制御対象の伝達関数 $G_p(s)$ は(8-1)式に示すように1次遅れ＋むだ時間という形で近似します．

$$G_p(s) = K \frac{1}{1+T_p \cdot s} e^{-L_p \cdot s} \quad \cdots\cdots (8\text{-}1)$$

　　K　：制御対象のゲイン
　　T_p：制御対象の時定数
　　L_p：制御対象のむだ時間

以上のようにしておき，目標値追従特性は**図8-1**に示すように目標値をステップ状に変化させて，制御量が応答開始から定常状態に落ち着くまでの過程がどのような経路を通るかの動特性と定常状態にな

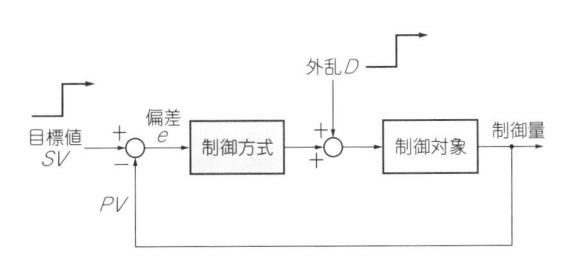

図8-1　制御系の制御特性を評価するための構成

ったときの静特性によって，比較・評価します．同様に，外乱抑制特性はステップ状の外乱を印加して，制御量が外乱の影響を受け始めてから定常状態に落ち着くまでの動特性と定常状態になったときの静特性によって，比較・評価します．

8.2 制御特性の評価指標

制御特性の評価指標には，定性的評価指標と定量的評価指標がありますが，評価指標は絶対的なものではなく，個々のシステムの要求に応じて決まる相対的なものです．例えば，偏差の大きさは，システムによって許容範囲が異なります．偏差が許容範囲内に入っていれば，オフセットがあっても，場合によってはハンチングを継続していても良いケースもあり得ます．目標値追従特性では，多少の行き過ぎ（オーバシュート）があっても，応答が速いほうが良い場合もあれば，行き過ぎをまったく許容しないシステムもあります．

制御特性の評価を表す指標としては，次の4種類に大別できます．
1) 制御系の応答波形に基づく定量的評価指標
2) 偏差の積分値に基づく定量的評価指標
3) 制御系の応答波形に基づく視覚的評価指標
4) 制御系の伝達特性に基づく評価指標

ここでは，通常よく使用される1)，2)および3)について説明します．

8.2.1 制御系の応答波形に基づく定量的評価指標

（1）目標値追従特性の評価指標

PID制御系において，PIDパラメータ値をある値に設定して目標値をステップ状に変化させ，制御量

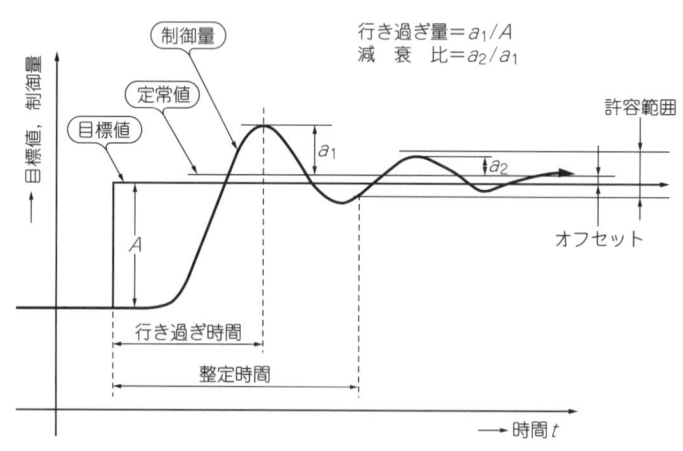

図8-2 制御系の目標値追従特性を評価するための量

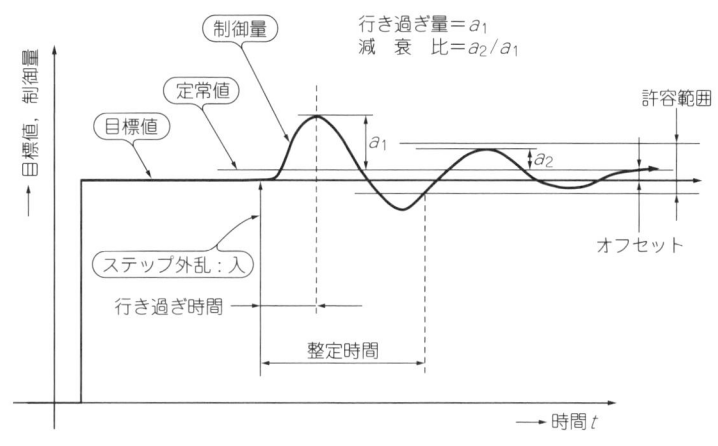

図8-3 制御系の外乱抑制特性を評価するための量

の追従応答特性をとると，**図8-2**に示すようになります．制御量が定常値を越えた最大値を行き過ぎ量あるいはオーバシュートといい，この最初の行き過ぎに達するまでの時間を行き過ぎ時間あるいはピーク時間と呼びます．制御量が定常値を中心として，許容範囲内あるいは許容範囲が指定されないときには上下5％の範囲内に収まるまでの時間を整定時間と呼びます．

制御成績を定量的に評価する指標としては，いかに速く応答するかを示す整定時間，行き過ぎ時間や偏差の大きさに関連した減衰比a_2/a_1，行き過ぎ量a_1/A，オフセットの大きさなどが用いられます．速応性の視点からは20％行き過ぎに設計するのが良いとされており，減衰特性の視点からは減衰比を1/4とするのが良いとされています．システムが速い目標値応答を要求する場合に，整定時間を短くしようとすると，どうしても行き過ぎ量が大きくなることは避けられません．また，逆にシステムによっては目標値応答の行き過ぎ量はまったく許容されない場合もあります．いずれにしても，制御系の目標値追従特性の評価はシステムの要求によって，決定しなければなりません．

(2) 外乱抑制特性の評価指標

PID制御系において，PIDパラメータ値をある値に設定してステップ状の外乱を加え，制御量の抑制応答特性をとると，**図8-3**に示すようになります．制御成績を定量的に評価する指標としては，いかに速く応答するかを示す整定時間，行き過ぎ時間や偏差の大きさに関連した減衰比a_2/a_1，行き過ぎ量a_1，オフセットの大きさなどが用いられます．

外乱の抑制特性は制御系の基本特性で，外乱の影響をいかに小さく抑えることができるかが主題となります．一般の1自由度PID（1種類のPIDパラメータ値しか設定できない構造のもの）制御では，外乱抑制特性を最適にすると，目標値追従特性は大きい行き過ぎ量を生じてしまいます．目標値を変化させない定値制御の場合は，これで何も問題はありません．しかし，目標値変化をともなう場合には，目標値追従特性と外乱抑制特性の双方を見ながら，両者が妥協できるところで評価を決めなければなりません．

8.2.2 偏差の積分値に基づく定量的評価指標

ステップ状の外乱，または目標値変化を与えた時点を $t=0$ として積分した値を用いた定量的評価指標が多く提案されていますが，それらの中から次の七つの方法を紹介します．積分値は小さいほうが評価は高いことになりますが，その応答波形が良いとはかぎりません．

(1) IE (Integral of Error)

この評価指標 IE は (8-2) 式に示すように「偏差の積分」で，「相対値制御面積」とも呼ばれています．この評価指標の問題点は偏差の正負が相殺し，偏差の積分は見かけ上小さくなること，例えば，振動しているときに $IE=0$ となることです．

$$IE = \int_0^\infty e(t)\,dt \quad \cdots \quad (8\text{-}2)$$

(2) IAE (Integral of Absolute value of Error)

この評価指標 IAE は，(8-3) 式に示すように「偏差の絶対値の積分」で，「絶対値制御面積」とも呼ばれています．偏差は正でも，負でも同等に評価をするというペナルティを与えて IE の問題点を解消したものです．

$$IAE = \int_0^\infty |e(t)|\,dt \quad \cdots \quad (8\text{-}3)$$

(3) ISE (Integral of Squared Error)

この評価指標 ISE は (8-4) 式に示すように「偏差の自乗の積分」で，「自乗制御面積」とも呼ばれています．IAE に対して，大きい偏差には，より大きいペナルティを与えるもので，合理的と考えられ，よく用いられています．

$$ISE = \int_0^\infty \{e(t)\}^2\,dt \quad \cdots \quad (8\text{-}4)$$

(4) ITAE (Integral of Time multiplied by Absolute Error)

この評価指標 $ITAE$ は (8-5) 式に示すように「偏差の絶対値の時間の重み付き積分」で，時間に比例してペナルティを大きくしたものです．応答波形との関係が現場感覚と比較的一致していることから，よく用いられています．

$$ITAE = \int_0^\infty t|e(t)|\,dt \quad \cdots \quad (8\text{-}5)$$

これらの評価指標のほかにも，IE や ISE に時間の重みを付けたもの，時間の2乗の重みを付けたものなどが提案されています．

(5) ISTAE (Integral of Squared Time multiplied by Absolute Error)

この評価指標 $ISTAE$ は (8-6) 式に示すように「偏差の絶対値に時間の自乗の重みを付けた積分」です．これは $ITAE$ に対して，さらに時間のペナルティを付加したものです．

$$ISTAE = \int_0^\infty t^2|e(t)|\,dt \quad \cdots \quad (8\text{-}6)$$

(6) ITSE（Integral of Time multiplied by Squared Error）

この評価指標 ITSE は(8-7)式に示すように「偏差の自乗に時間の重みを付けた積分」です．これは ISE に対して，さらに時間のペナルティを付加したものです．

$$ITSE = \int_0^\infty t\{e(t)\}^2 dt \qquad (8\text{-}7)$$

(7) ISTSE（Integral of Squared Time multiplied by Squared Error）

この評価指標 ISTSE は(8-8)式に示すように「偏差の自乗に時間の自乗の重みを付けた積分」です．これは ITSE に対して，さらに時間のペナルティを付加したものです．

$$ISTSE = \int_0^\infty t^2\{e(t)\}^2 dt \qquad (8\text{-}8)$$

8.2.3 制御系の応答波形に基づく視覚的評価指標

以上，定量的な評価指標を説明してきました．この定量的評価指標は，最適PIDパラメータ値を求めたり，制御方式の優劣を比較する場合などには適しています．しかし，実際の現場で，制御系のチューニングを行うときに適用することはなかなか難しい点があります．なぜなら，定量的な評価数値と実際の応答波形の視覚的評価が必ずしも一致しないからです．

このようなときには，制御系の応答波形を見て，次のような方法で評価するケースもあります．

(1) 外乱抑制特性の視覚的最適評価指標

これは制御系の外乱抑制特性を調整するときに，運転点近傍で図8-4(a)に示すように，ステップ状外乱を与えた場合に，制御系の応答波形が外乱の影響を受けて行き過ぎてから1度逆方向に行き過ぎて，あるいはさらに半サイクル行き過ぎてから目標値に整定する状態を最適応答と評価するものです．これは経験的に見ると，現場感覚によく合った効率的な評価方法と考えています．

(2) 目標値追従特性の視覚的最適評価指標

前述の外乱抑制の場合と同様の視覚的最適評価指標です．制御系の目標値追従特性を調整するときに，

(a) 制御系の外乱抑制特性

(b) 制御系の目標値追従特性

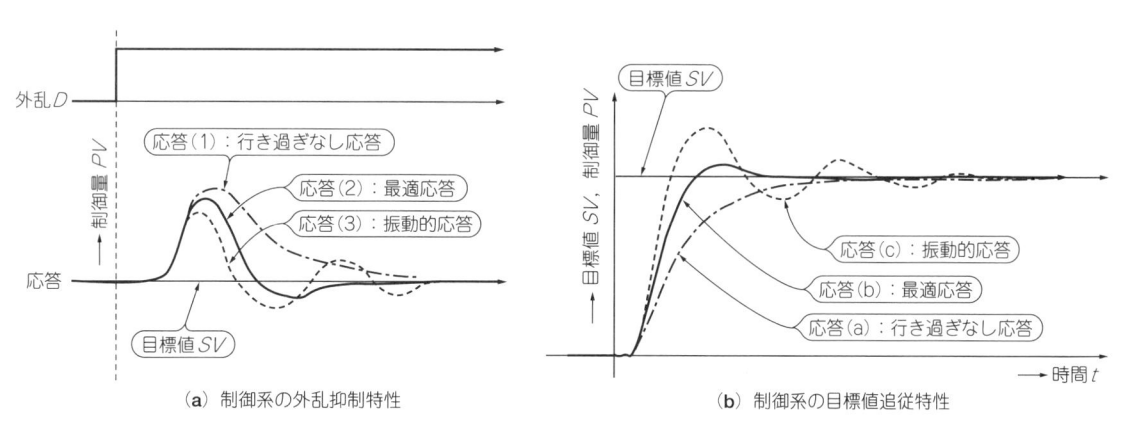

図8-4 制御系の応答波形に基づく視覚的評価指標

運転点近傍で**図8-4(b)**に示すように，目標値をステップ状に変化させた場合に，制御系の応答波形が目標値に追従するように応答し一度行き過ぎて，あるいはさらに半サイクル行き過ぎてから目標値に整定する状態を最適応答と評価するものです．この方法は一般的な現場感覚にはよく合っていますが，目標値追従特性はシステムの要求によって異なるので，個々のシステムに適合するように調整しなければなりません．

しかし，1自由度PID制御の場合には，外乱抑制特性が最適になるようにPIDパラメータ値を決めてしまうと，目標値追従特性も決まってしまいます．したがって，目標値応答特性が気に入らないからといって目標値追従特性のみを変更することはできません．外乱抑制特性を最適状態に維持したまま，目標値追従特性を自由自在に変更するためには，制御方式を2自由度PID制御にしなければなりません．

第9章 PIDパラメータの調整方法

　これまで，PID制御はどのようにして生まれたか，そして生まれたままの理想PID制御から実際のプラント制御に適用できるようにした実用PID制御はどのようにして改善されてきたか，などについて説明してきました．しかし，これだけではPIDコントローラをうまく調整して，自動制御することはできません．制御対象の特性を求め，制御のニーズに合うように比例ゲイン・積分時間・微分時間（これらをPIDパラメータまたはPID定数と呼ぶ）を調整する必要があります．このPID制御のPIDパラメータの適切な値を選ぶための指針を，PID制御の調整則といいます．

9.1 制御対象の特性表現

　各種のPID調整則を使って最適PIDパラメータ値を求めるには，制御対象の特性を調べる必要があります．特性を調べる方法としては，代表的なものとしてステップ応答法と限界感度法の2種類がありますが，前者が一般的です．この方法は，制御を行っていない状態で制御対象にアンケート信号として，ステップ状の変化を与え，それに対する制御量の応答波形から，制御対象の特性を決定するものです．

9.1.1 1次遅れ系の特性表現

　制御対象特性が1次遅れ系の場合，入力に単位ステップ入力変化を与えると，出力は図9-1に示すように，最初急勾配で変化し，だんだん変化速度が遅くなり，最後に一定値に落ち着きます．この変化量が，制御対象のゲインKとなります．出力の変化速度がもっとも大きいところ，つまり0点に接線を引き，最終値との交点を求めます．入力変化時から，交点までの時間Tが時定数となります．

9.1.2 2次遅れ系以上の特性表現

　実際の制御対象は純粋な1次遅れ特性ではなく，複数の1次遅れ特性の要素が直列につながった形となっているため，だんだん特性が崩れてきて図9-2に示すような特性になります．出力は最初ゆっくりと変化し，しばらくすると変化速度が速くなり，その後は再びゆっくりとした変化となり，最終的に一定値に落ち着きます．入力が単位ステップのため，この出力の変化量が制御対象の等価ゲインKになります．出力の変化速度がもっとも大きいところ（もっとも勾配が急なところ，つまり変曲点）に接線

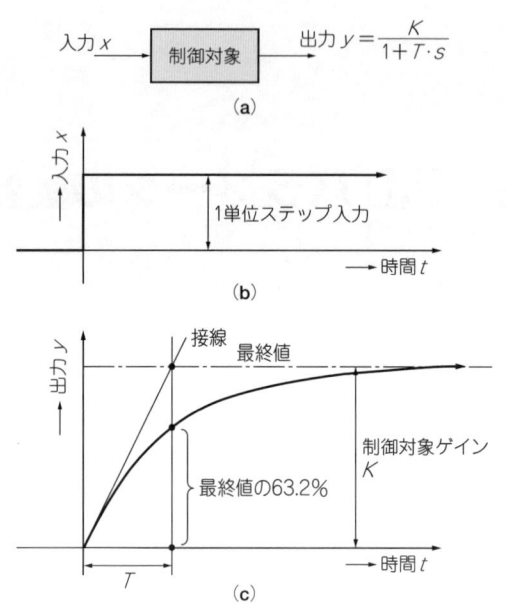

図9-1　1次遅れ系の単位ステップ入力に対する応答

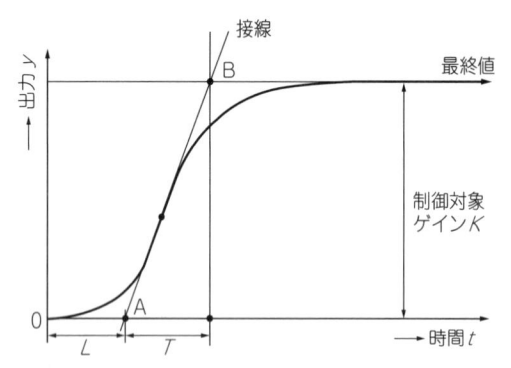

図9-2　2次遅れ系以上の単位ステップ入力に対する応答

を引きます．この接線と横軸との交点Aおよび最終値との交点Bを求めます．これにより，**図9-2**に示すようにLとTを得ます．このLを等価むだ時間，Tを等価時定数と呼び，制御対象の特性を表す代表数値とし，制御対象の特性$G(s)$は(9-1)式のように表現します．

$$G(s) = \frac{K}{1+T \cdot s} e^{-L \cdot s} \quad \cdots\cdots\cdots (9\text{-}1)$$

このようにして多くの制御対象特性を等価むだ時間Lと等価時定数Tと等価ゲインKを用いた等価伝達関数式で近似し，これをベースに最適なPIDパラメータ値を求め，チューニングの初期値として活用することになります．

9.2 ジーグラー・ニコルスの最適調整法

　この最適調整法は，まさにPID調節器の普及のスタート点となった有名なものです．1922年にマイノースキー(Minorsky)がPID制御の着想をしましたが，すぐにはPID調節器は実現されませんでした．その後，十数年が経過した1936年に，世界で初めてのPID調節器がアメリカTaylor社のカレンダー(Callender)らによって創り出されました．このPID調節器は空気式でした．当時PID調節器の有用性はわかっていましたが，PIDパラメータをどのように調整すればよいかをだれも知らないため，普及しませんでした．PID調節器が売れないで困っていた同社営業技術部ジーグラー(Ziegler)は何とかしたいと考え，技術開発部にいたニコルス(Nichols)を誘ってPIDパラメータの最適調整法の開発に着手しました．空気式PID調節器を改造して，むだ時間をもつ制御対象モデルを作り，実験に実験を積み重ねました．彼らが採用した最適調整指標は減衰比1/4でした．その結果が1942年11月，ASME(アメリカ機械学会)の論文集に発表されて，ジーグラー・ニコルスの最適調整法(Ziegler & Nichols法)として全世界に拡がっていきました．これがきっかけとなって，PID調節器が広く普及していくことになりました．

(1) ステップ応答法

　調整指標を減衰比25％(1/4)とした場合には，PIDパラメータと制御対象の等価ゲインK，等価時定数T，等価むだ時間Lを表9-1のように関係付けるのが良いとする方法です．このK，T，Lは前項で説明したステップ応答法によって求めたものです．

　この方法は，目標値追従特性と外乱抑制特性の双方に対応するものとしていますが，あとで説明するCHR法の場合の行き過ぎ20％，整定時間最小の外乱抑制特性最適PIDパラメータ値とほぼ同値となっていることから判断すると，外乱抑制特性がほぼ最適になっており，目標値追従特性は約20％のオーバシュートを発生することになると推定されます．

(2) 速度応答法

　ステップ応答法の変形として，応答速度法があります．これは，応答が遅いプロセスで最終値がいつ，どこに落ち着くかわからない特性をもった制御対象に対応する方法です．そのような場合に，図9-3(b)に示すようにステップ応答の初期変化部分から，制御対象の特性を求めて，PIDパラメータの最適値と関係付ける方法です．図9-3(a)のような大きさx_0のステップ入力を制御対象に加えると，出力は図9-3(b)に示すように，最初はゆっくりと変化し，しばらくすると変化速度が速くなり，その後はだんだん遅くなっていき，いつになったら，いくらの値に落ち着くかわからないような応答を示しま

表9-1　ステップ応答法によるPIDパラメータの最適調整値

制御動作	比例ゲイン K_P	積分時間 T_I	微分時間 T_D	評価指標 (目標とする応答)
P	$T/(KL)$	—	—	減衰比25％
PI	$0.9T/(KL)$	$3.3L$	—	
PID	$1.2T/(KL)$	$2.0L$	$0.5L$	

図9-3 応答速度法による制御対象特性および最適調整値の求め方

(a) ステップ入力

(b) ステップ応答

(c) 速度応答法によるPIDパラメータの最適調整値

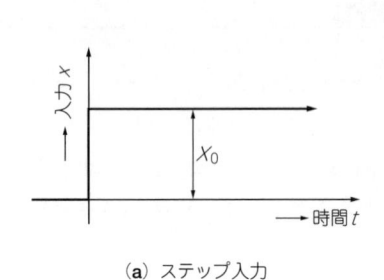

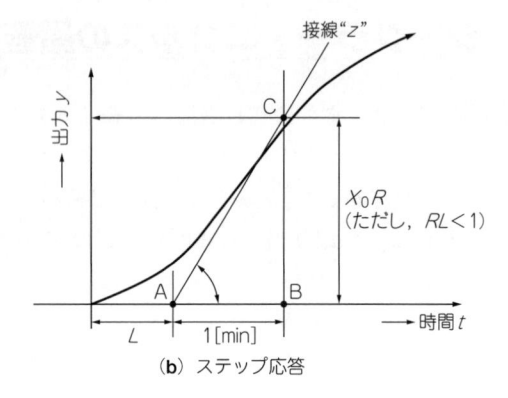

制御動作	比例ゲイン K_P	積分時間 T_I	微分時間 T_D	評価指標（目標とする応答）
P	$1/(RL)$	—	—	減衰比25%
PI	$0.9/(RL)$	$3.3L$	—	
PID	$1.2/(RL)$	$2.0L$	$0.5L$	

す．ここで出力の変化速度がもっとも大きいところに接線を引きます．この接線と横軸との交点A，A点から1分間の点Bおよび点Bからの垂直線と接線との交点Cを求めます．これにより，**図9-3(b)** に示すようにLとRを得ます．このLを等価むだ時間，Rを応答速度と呼び，これらとPIDパラメータを**図9-3(c)** の表のように関係付けるのが良いとする方法です．

この方法は，先に説明したステップ応答法と基本的考え方は同じです．**図9-3(b)** において，△ABCと接線，等価時定数Tおよび横軸から最終値までの高さ（$x_0 \cdot K$：Kは等価ゲイン）から構成される三角形の相似関係から，(9-2)式が成立します．これを整理して(9-3)式を得ます．

$$x_0 \cdot R/1 = x_0 \cdot K/T \qquad (9\text{-}2)$$

$$R = K/T \qquad (9\text{-}3)$$

この(9-3)式を**図9-3(c)** の表に代入すると，**表9-1**の関係と同じになります．

以上説明したように，ステップ応答法が適用できる制御対象の応答と応答速度法を適用しなければならない制御対象の応答は大きく異なっていますが，制御系の制御特性に大きな影響を与えるのは，制御対象の応答特性の初期部分であることから，このような取り扱いができるものと考えられます．

(3) 限界感度法

PIDパラメータを求めるもう一つの方法に，限界感度法があります．この方法では，まずPIDコントローラを比例(P)動作だけにして制御状態にします．次に比例ゲインK_Pをだんだん大きくし，持続的振動状態にします．このときのゲイン（限界感度）K_uとその持続振動の周期P_uを測定し，このデータを使って**表9-2**により最適調整のPIDパラメータを求めます．この方法も，ジーグラー・ニコルスが実験的に求めたものです．この方法は制御系の安定問題と関係しています．制御系の安定性は制御系の一巡

表9-2 限界感度法によるPIDパラメータの最適調整値

制御動作	比例ゲイン K_P	積分時間 T_I	微分時間 T_D	評価指標 （目標とする応答）
P	$0.5 K_u$	—	—	減衰比25%
PI	$0.45 K_u$	$0.83 P_u$	—	
PID	$0.6 K_u$	$0.5 P_u$	$0.125 P_u$	
P	$0.152 K_u$	—	—	行き過ぎなし
PI	$0.175 K_u$	P_u	—	
PID	$0.3 K_u$	$0.6 P_u$	$0.125 P_u$	

ループ・ゲインが振動周波数において，1以下のとき減衰振動，1のとき持続振動，1より大きいとき発散状態となります．したがって，制御系を安定にするためには，一巡ループ・ゲインを1より小さくする必要があります．あまり小さくすると応答が遅くなるので，**表9-2**に示すように1/2前後にします．つまり，制御系の一巡ループ・ゲインを半分前後にするのが良いということになります．

実際のプロセス制御の現場では，多くの場合に持続振動を発生させることが許されないケースが多いため，限界感度法の適用は多くありません．

9.3 その他の最適調整法

Ziegler & Nichols法が発表されて以来，多くの研究や提案が行われてきました．その中で代表的なCHRの最適調整法を**表9-3**に示します．この方法はChein，Hrones，Reswickの3氏がアナログ計算機を使って求めて提案したもので，それぞれの頭文字を取って**CHR法**と呼ばれています．この方法では，PIDパラメータの最適調整値を，外乱抑制特性を最適にするものと目標値追従特性を最適にするものに分け，さらに目標とする応答を行き過ぎなしと行き過ぎ20％に分けた4通りの場合の最適PIDパラメータ値を示しています．この表の値は等価時定数 T に比べて等価むだ時間 L が比較的小さい領域，つまり L/T が0.125〜1の範囲で適用可能としています．このCHR法はPID制御の本質とその調整方法につ

表9-3 CHR法によるPIDパラメータの最適調整値

区分	制御動作	比例ゲイン K_P	積分時間 T_I	微分時間 T_D	評価指標 （目標とする応答）
外乱抑制最適	P	$0.3 T/(KL)$	—	—	行き過ぎなし 整定時間最小
	PI	$0.6 T/(KL)$	$4L$	—	
	PID	$0.95 T/(KL)$	$2.4L$	$0.4L$	
	P	$0.7 T/(KL)$	—	—	20%行き過ぎ 整定時間最小
	PI	$0.7 T/(KL)$	$2.3L$	—	
	PID	$1.2 T/(KL)$	$2L$	$0.42L$	
目標値追従最適	P	$0.3 T/(KL)$	—	—	行き過ぎなし 整定時間最小
	PI	$0.35 T/(KL)$	$1.2 T$	—	
	PID	$0.6 T/(KL)$	T	$0.5L$	
	P	$0.7 T/(KL)$	—	—	20%行き過ぎ 整定時間最小
	PI	$0.6 T/(KL)$	T	—	
	PID	$0.95 T/(KL)$	$1.35 T$	$0.47L$	

いて，次のような貴重な知見を示してくれています．
① 外乱抑制特性最適PIDパラメータ値と目標値追従特性最適PIDパラメータ値が異なることを明示していること．

　両者のそれぞれの最適値は比例ゲインも異なりますが，積分時間の外乱抑制特性の最適値は等価むだ時間Lの大きさで決まり，目標値追従特性のそれは等価時定数Tの大きさで決まることを示しています．ところが，いままで説明してきた各種のPID制御方式では，PIDパラメータは1種類しか設定できない，いわゆる1自由度PID制御方式です．そのために外乱抑制特性最適PIDパラメータ値を設定すると，目標値追従特性は劣化する（具体的にはオーバシュートが過大になる）ことになり，逆に目標値追従特性最適PIDパラメータ値を設定すると，外乱抑制特性が悪くなってしまう（具体的には整定時間が大きくなる）という二律背反となります．これらのことは，PIDパラメータの調整とPID制御方式の選定に大きな影響を及ぼすことになります．従来の1自由度PID制御方式の世界では，次のような対応をする必要があります．
(a) 定値制御の場合：PID制御方式は何を選択してもよく，目標値は一定で使用するため，PIDパラメータは外乱抑制が最適になるように調整します．
(b) 追値制御の場合：この場合は外乱も目標値も変化しますが，PIDパラメータは外乱抑制最適に調整します．しかし，PID制御方式は目標値追従特性のオーバシュートの大きさが制御の目的に合うように選定する必要があります．偏差PID，PI-D，I-PDの順にオーバシュートの大きさが小さくなるので，オーバシュートを嫌う場合には，I-PDを適用します．オーバシュートを抑えると，応答が遅くなるという副作用が出てくるので，両者のトレード・オフを考慮する必要があります．
② 本質的な問題として，2自由度PID制御方式の必要性を明示していること．

　外乱抑制特性最適PIDパラメータ値と目標値追従特性最適PIDパラメータ値とが異なるという問題に対して，上記①で説明した対応をしても，十分とはいえません．完全に対応するには，外乱から制御量への伝達特性と目標値から制御量への伝達特性の二つを独立して設定できるようにすること，つまり2自由度PID制御方式が必要であることを明確に示していると読み取ることができます．

9.4　微調整

　以上説明した各種の最適調整法は，図9-4に示すPID制御系を想定しています．各種のPIDパラメータの最適調整法で求めたPIDパラメータ値は，制御対象に適した最適値であると銘打っています．しかし，各種最適調整法で求めたPIDパラメータ値は「最適値そのものではなく，求めた値の近傍に最適値がある」と理解したほうが良いと思います．その要因として，次のようなことがあげられます．
(1) 実際の制御対象は複雑で，高次遅れの特性をもっていますが，これを「等価ゲイン，等価むだ時間＋等価1次遅れ」で近似していること．
(2) 制御対象特性データそのものや等価ゲインK，等価時定数Tおよび等価むだ時間Lを求める過程で誤差を生じること．

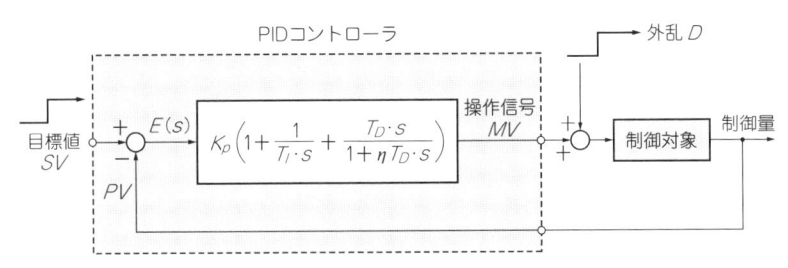

図9-4 最適調整法が前提としているPID制御系

(3) 各種最適調整法の適用範囲に限界があること.
(4) 制御対象特性を求めた時点の実特性と制御応答を確認した時点の実特性が異なっているケースが多いこと.
(5) アナログ演算とディジタル演算の相違に起因すること.

このような事情から,最適調整法で求めたPIDパラメータ値をコントローラに設定して,実際の制御対象で制御の目的に合致するように外乱変化を与えて外乱抑制特性が適切かどうか,目標値を変化させて目標値追従特性が適切かどうかを確認する必要があります.必要な制御特性からずれている場合には,トライ・アンド・エラー修正をする,いわゆるファイン・チューニング(微調整)をする必要があります.

9.5 具体的なPIDパラメータの決定と調整

次に最適調整法を適用して,具体的にどのようにしてPIDコントローラの調整を進めていくかの手順について説明します.

手順1:PIDコントローラをM(マニュアル)モードにして,MV値を通常運転範囲の中央近傍に設定します.

手順2:ステップ応答法の場合には,制御対象に操作信号のステップ変化を与えて,その応答のS字カーブ・データを取ります.

手順3:そのS字カーブの最終値から制御対象の等価ゲインKを求め,勾配がもっとも急なところ,つまり変曲点に接線を引いて,等価時定数Tおよび等価むだ時間Lを求めます.

このK,T,Lを用いて,最適調整法から適する PID パラメータ値を計算します.

[例題] ステップ応答から**図9-5**に示すデータが取れたとし,この場合のPIDパラメータ値を計算する場合を説明します.

等価ゲイン $K = \Delta PV [\%] / \Delta MV [\%]$
$= [(62℃ - 50℃)/120℃]/[2\,\mathrm{mADC}/(20\,\mathrm{mADC} - 4\,\mathrm{mADC})]$
$= 0.8$

等価時定数 $T = 3\,\mathrm{min} - 0.5\,\mathrm{min} = 2.5\,\mathrm{min}$

等価むだ時間 $L = 0.5\,\mathrm{min}$

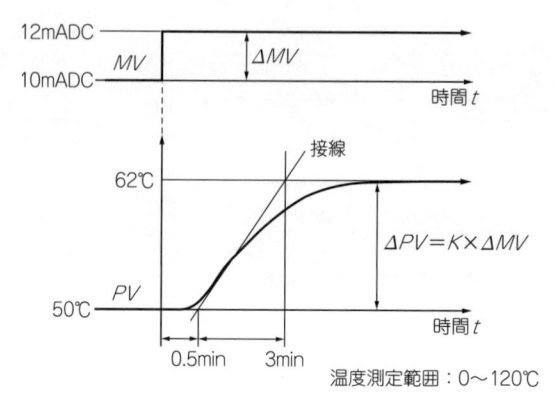

図9-5 制御対象のステップ応答

CHR法を適用して20％行き過ぎ，整定時間最小の外乱抑制特性最適PIDパラメータを求めます．

$P = 1.2\,T/(KL) = 1.2 \times 2.5/(0.8 \times 0.5) = 7.5$

$I = 2L = 2 \times 0.5 = 1\,[\min]$

$D = 0.42L = 0.42 \times 0.5 = 0.21\,[\min]$

手順4：求めたPIDパラメータ値をPIDコントローラに設定します．そしてステップ外乱を与えて希望する「外乱抑制特性」となっているかどうかを確認します．希望応答特性になっていないときには，**図9-6**のように微調整します．P→大，I→小，D→大の方向に設定を動かすと制御が強くなり，逆にP→小，I→大，D→小の方向に設定を動かすと，制御が弱くなります．

手順5：次に，目標値をステップ変化させて「目標値追従特性」を確認します．希望応答特性になっていないときは，2自由度PID制御方式では，**図9-7**のように目標値応答特性のみを微調整します．一般の1自由度PID制御方式の場合は目標値応答特性を調整すると，外乱応答特性が希望応答からズレてし

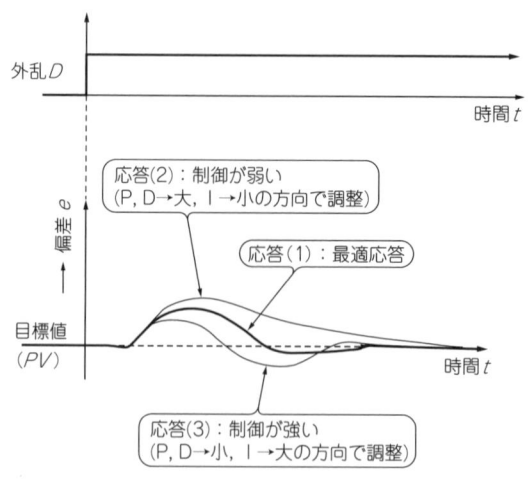

図9-6 外乱抑制特性の微調整

第9章　PIDパラメータの調整方法

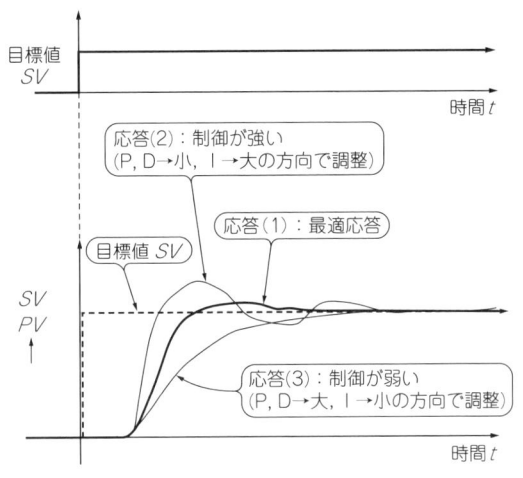

図9-7 目標値追従特性の微調整

まうので，各種の1自由度PID制御方式の中から希望応答になる形式を選択します．偏差PID，PI-D，I-PDの順にオーバシュートは小さくなります．

限界感度法を適用する場合は，PIDパラメータ値を求めるまでの手順1～3が異なり，微調整の手順4～5は同じとなります．

次に，制御対象のステップ応答が，いつ，どのような最終値に到達するかわからない場合に適用する応答速度法によってPIDパラメータ値を決定する例を説明します．制御対象のステップ応答が図9-8のようになったとします．応答曲線のもっとも変化の急なところに接線を引き，横軸と接線の交点Aから1min経過したB点から垂直線を引き，接線との交点CのPV値が64℃となりました．これらのデータから次のように計算します．

応答速度 $R = \Delta PV\,[\%/\text{min}] / \Delta MV\,[\%]$
$= [(64℃ - 50℃)/120℃] \times 100 / [2\,\text{mADC}/(20\,\text{mADC} - 4\,\text{mADC})]\;[\%/\text{min}]$

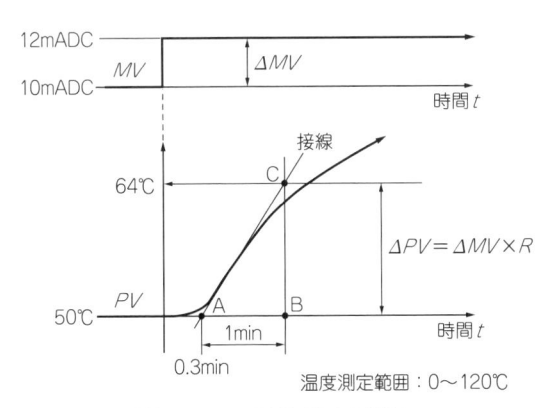

図9-8 制御対象のステップ応答（速度応答法）

9.5 具体的なPIDパラメータの決定と調整

$$= [14℃/120℃] / [2\,\text{mADC}/16\,\text{mADC}]\ [\%/\text{min}]$$
$$= 93.3\ [\%/\text{min}]$$

　　等価むだ時間 $L = 0.3$ min

これらの値からPIDパラメータを求めます．

$P = 1.2/(RL)$
　$= 1.2/(0.933 \times 0.3) = 4.29$
$I = 2L = 2 \times 0.3 = 0.6$ [min]
$D = 0.5L = 0.5 \times 0.3 = 0.15$ [min]

以上求めたPIDパラメータ値をコントローラに設定して，微調整は上記手順4～5にしたがって行います．

9.6　制御対象の特性変化への対応

　制御対象の特性を調べるのは，通常運転範囲，つまり操作信号の通常変動範囲の中間点近傍で行うことになります．しかし，一般的に操作端を含めた制御対象の特性は非線形であり，負荷変動などで運転点が変化するために，PIDパラメータを微調整しておいても，最適点からずれてまうことになります．このような制御対象の運転点の変化などにともなう最適状態からのずれを抑制するためには，次のような設計上の対応が必要となります．

(1) 線形化の徹底

　操作端の有効流量特性の線形化など制御対象特性の線形化を徹底的に行うこと．

(2) 負荷変化にともなう制御特対象特性変化への対応

　負荷の大きさが増減すると，多くの場合に制御対象のゲイン，時定数およびむだ時間が変化します．たとえば，原料流体を加熱炉で燃料を燃焼させて加熱し，炉出口温度を所定値に制御する，つまり熱量を直接または間接的に混合して所定の温度に制御する，いわゆる混合プロセス（Mixed process）では，負荷（原料流量）の大きさに逆比例して制御対象のゲインが変化するので，これに対応するためには，原料流量の大きさに比例して，比例ゲイン K_P を補正するように構成する必要があります．

9.7　実用調整法

9.7.1　実用調整法の必要性

　実際のプラントで調整する場合，水を用いた模擬運転などのときには，制御対象にステップ変化を与えて応答特性を取ったり，持続振動状態にすることも可能です．しかし，実際の原料を用いて，製品を作りながら調整しなければならないケースが多々あります．この場合には，制御対象にステップ変化を与えたり，持続振動状態にすることが許されないことがしばしばあります．つまり，コントローラのためにプラントがあるのではなく，プラントのためにコントローラがあり，主客転倒することは許されな

いということです．

このような場合には，制御対象の特性を完全に調べることができないために，部分的な特性を用いるか，あるいはまったく特性がわからないまま，トライ・アンド・エラー修正で調整しなければなりません．

9.7.2 実用的調整法
(1) むだ時間 L のみ測定できた場合の調整方法

この方法は，手動運転時に比較的容易に調べられるむだ時間 L のみを求めて，次のような手順で調整を進めます．この場合も，制御の基本である外乱抑制特性が最適になるように PID パラメータ値を決め，目標値追従特性は希望応答に近い PID 制御方式，つまり偏差 PID，PI-D および I-PD のいずれかを選定することになります．

① 手動運転の状況を見ながら，手動で操作信号を変化させた機会にその影響が現れ始めるまでの時間，つまりむだ時間 L をつかみます．

② 積分時間 T_I はむだ時間 L の 2 倍という関係から，積分時間 T_I を決めます（$T_I=2L$ の関係については，Ziegler & Nichols 法や CHR 法を参照のこと）．

③ 微分時間 T_D はむだ時間 L の 0.5 倍という関係から，微分時間 T_D を決めます（$T_D=0.5L$ の関係については，Ziegler & Nichols 法や CHR 法を参照のこと）

④ 比例ゲイン $K_p=2$ 程度として，自動（AUTO）に切り替えてようすを見ながら，比例ゲイン K_p の調整を行います．各動作は次のヒントで絞り込んでいきます．

1) 比例動作の効果：比例ゲイン K_p を大きくすると，
〈1〉オフセットが小さくなります．〈2〉行き過ぎ量が大きくなります．〈3〉大きくし過ぎると，不安定となり，ついに振動します．

2) 積分動作の効果：積分時間 T_I を短くすると，
〈1〉オフセットがなくなります．〈2〉目標値の追従速度が速くなります．〈3〉短くし過ぎると応答が振動的となります．ただし，振動周期は長くなります．

3) 微分動作の効果：微分時間 T_D を長くすると，
〈1〉振幅減衰率が大きくなります．〈2〉振動周期が短くなります．〈3〉大きくし過ぎると不安定となり，ついには振動します．

(2) トライ・アンド・エラー修正による調整方法

この方法は，まったく制御対象の定量的特性がわからないまま，応答波形を見ながらトライ・アンド・エラー修正によって PID パラメータ値を調整するものです．その基本手順を説明します．

① まず最初は PID コントローラを P 動作だけにしてスタートし，比例ゲイン（K_p）→積分時間（T_I）→微分時間（T_D）の順序で調整します．

② 各パラメータは動作の弱いほうから強いほうに少しずつ変えていきます．

③ 各パラメータを変更したら，外乱をステップ変化させて制御量の応答変化のようすを見ます．外乱の

影響が現れてから，いったん逆方向に少しオーバシュートしてから整定するのが最適といわれています．

具体的な調整は，次のように進めます．

1) まず最初はP動作のみとして，比例ゲイン K_p は0.5程度からステップ応答を見ながら，少しずつ大きくしていきます．目標値のステップ応答が数回の減衰振動する程度の比例ゲイン K_p を止めます．
2) 積分時間 T_I は大きい値から少しずつ小さくしていき，目標値のステップ応答のオフセットがなくなり，オーバシュート20%，減衰比25%程度で止めます．
3) 微分時間 T_D は0からスタートし，少しずつ大きくしていき，短周期振動が現れたら停止し，少し小さい値に戻します．微分時間 T_D の目安は，積分時間 T_I の1/5〜1/4です．
4) 最後に，外乱のステップ変化を与えて，外乱の影響が現れてから，いったん逆方向に少しオーバシュートしてから整定するようにPIDパラメータを微調整します．

9.8　ディジタルPIDコントローラ調整上の留意点

これまでのPID制御の調整方法の説明はアナログ系，つまり連続系の場合でした．しかし，現実にはほとんどがディジタルPIDコントローラになっていて，現場ではディジタルPIDコントローラの調整をしなければならないので，ディジタルPIDコントローラを調整するときのおもな留意点を説明します．

1) 制御周期 Δt が適正に選定されており，不完全微分のディジタル演算方式が「後退差分」または「双一次変換」で省略なしの場合には，これまで説明したアナログの場合の調整法を適用しても，実用上支障はありません．通常，プロセス制御の場合は，制御周期 Δt は1秒以下であればよく，D動作を適用するループでは，制御周期 $\Delta t \leq 0.1 \times L \leq 1$ 秒（L：むだ時間）を目安に選定すると十分です．
2) シミュレーションをしてみると，図9-9に示すように最適PIDパラメータ値は制御周期 Δt の大きさによって変化する，いわゆる制御周期依存性があります．この制御周期依存性は比例ゲイン K_p が大きく，積分時間 T_I および微分時間 T_D の制御周期依存性は小さい値となります．ディジタルPIDコントロ

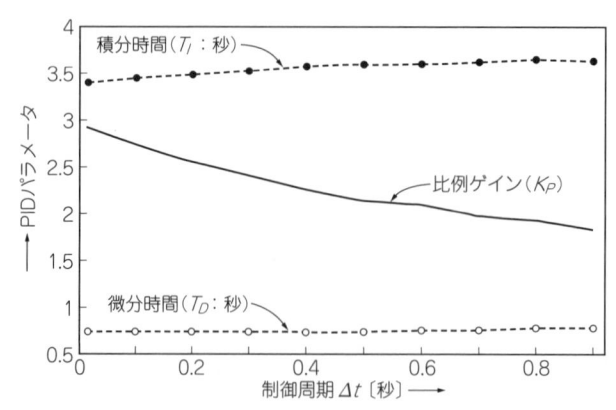

図9-9　最適PIDパラメータの制御周期依存性

表9-4 制御周期Δtと最適PIDパラメータ値の関係

制御動作	制御周期 $\Delta T/L$	比例ゲイン K_P	積分時間 T_I	微分時間 T_D
PI	0（連続）	$0.90\,T/(KL)$	$3.3L$	—
	0.1	$0.84\,T/(KL)$	$3.4L$	—
PID	0（連続）	$1.20\,T/(KL)$	$2.0L$	$0.5L$
	0.05	$1.15\,T/(KL)$	$2.0L$	$0.45L$

ーラを更新するときなどで，制御周期Δtが変わった場合には，比例ゲインK_pのみを次の方向で微調整します．

① 制御周期Δtが小さくなったとき：比例ゲインK_p→大きくする方向
② 制御周期Δtが大きくなったとき：比例ゲインK_p→小さくする方向

制御周期に対して，**表9-4**に示す値を推奨する資料もあります．表において，制御周期がゼロ，つまり連続系の場合はZiegler & Nichols法によるPID最適パラメータ値そのものです．

3) ディジタルPIDコントローラ・更新時のチェック・ポイント
① 干渉形PID⇔非干渉形PIDの変更はないか

変更がある場合で，PI制御のときには変換不要ですが，PID制御のときは6.4.5項で説明した変換式を用いて変換して設定します．

② ディジタル微分演算方式は同一か

ディジタル微分演算方式によって，安定適用範囲が異なります．ディジタル微分演算方式が改良されていると，安定適用範囲が拡大しているために，微分を活用して制御性を改善することが可能です．

③ 制御周期Δtは同一か

制御周期Δtが変更になった場合には，上記2)のガイドに基づいて比例ゲインK_pを微調整します．

第10章　PID制御の2自由度化

10.1　2自由度化の必要性

　これまで説明してきたPID制御は，PIDパラメータ値を1種類しか設定できないために，つまり一つの制御系において，一つの伝達特性しか調整できないことから，**1自由度PID**（Single Degree of Freedom PID）**制御**と呼ばれています．これに対して，2種類のPIDパラメータ値を独立して設定できるようにしたもの，つまり一つの制御系において，二つの伝達特性を独立して調整できるようにしたPID制御のことを**2自由度PID**（Two Degrees of Freedom PID）**制御**と呼びます．
　この2自由度PID制御の必要性を，次の二つの視点から考えてみたいと考えます．

10.1.1　外乱抑制最適と目標値追従最適の両立

　前章で説明したように，PID制御系の基本機能には外乱抑制と目標値追従の二つの機能があります．前者は外乱が入ったとき，その影響を抑制する機能であり，後者は目標値を変化させたときに制御量を目標値に追従させる機能です．この二つの機能は，それぞれステップ状外乱に対する制御量の応答，およびステップ状目標値変化に対する制御量の応答によって評価するのが通例となっています．図10-1に，現場で多用されている従来形PID制御系，つまり1自由度PIDの測定値微分先行形PID制御系の構

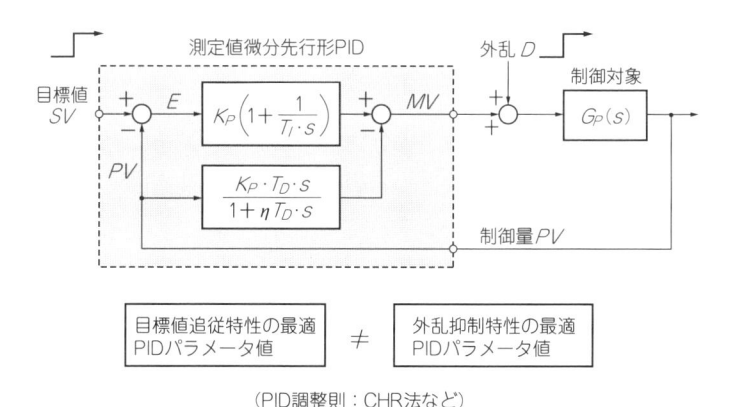

図10-1　従来形（1自由度）PID制御系の構成

方式	目標値追従	外乱抑制	制御応答	
1自由度PID	○	×	(a) 目標値追従特性最適時	(b) 外乱抑制特性最適時
	△	△		
	×	○		
2自由度PID	○	○	(c) 2自由度PID	

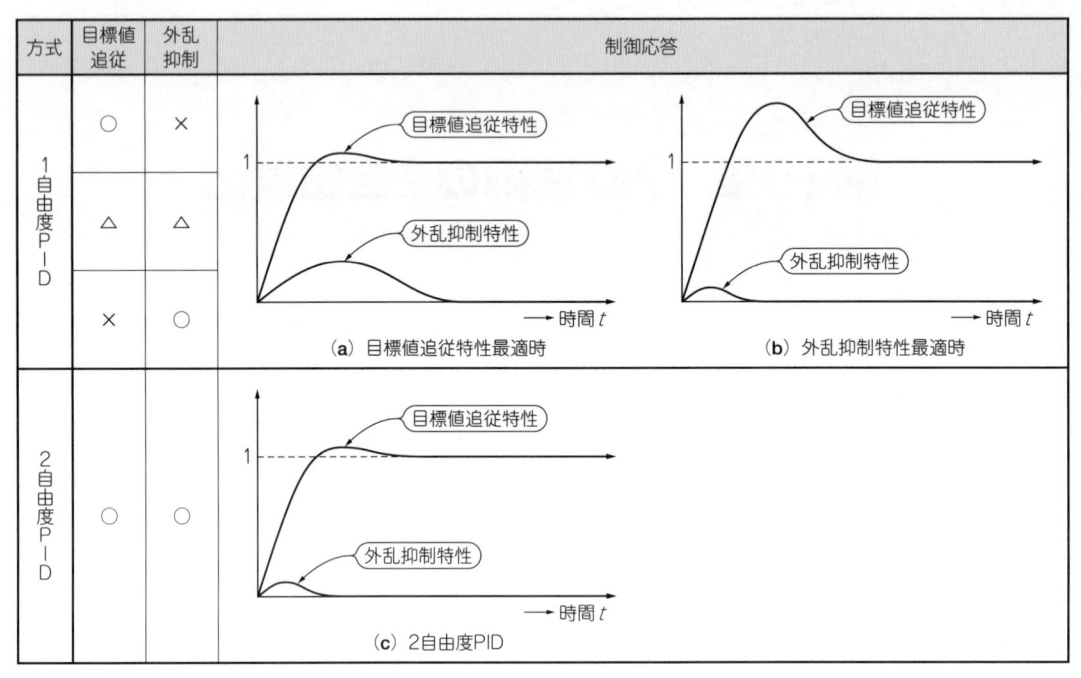

図10-2　1自由度PIDと2自由度PIDの制御応答の比較

成を示します．

　第9章のCHRによるPIDパラメータの調整則によれば，外乱抑制特性最適PIDパラメータ値と目標値追従特性最適PIDパラメータ値が大きく相違していることを明確に示しています．しかし，図10-1に示すような従来形のPID制御は一つの伝達特性しか調整できない1自由度制御系の構造のものです．したがって，目標値追従特性が最適になるPIDパラメータ値を設定すると，図10-2(a)に示すように，外乱抑制特性が非常に甘くなり，逆に外乱抑制特性が最適になるようにPIDパラメータ値を設定すると図10-2(b)に示すように，目標値追従特性が大きくオーバシュートという二律背反になってしまいます．つまり，これらの1自由度PID制御では，外乱抑制特性と目標値追従特性を同時に最適化することは不可能です．

　この二律背反の特性は，例えば企業の従業員が社内の指示命令を最適に実行しようとすると，社外ユーザからの対応がおろそかになり，社外ユーザからの仕事や依頼を最適に実行すると社内指示命令に対する応答が悪化するという事例に類似しています．

　最近，プラント制御においては，多品種変量生産，高度自動化，高度安全性の確保，省エネルギおよび環境保全などのニーズをより高度に実現するためには，外乱抑制特性と目標値追従特性の両者を図10-2(c)のように同時に最適化することが求められます．この要求に応えるためには，一つの制御系において，二つの伝達特性を独立して設定できるようにすること，つまり2自由度化することが必要不可欠となります．

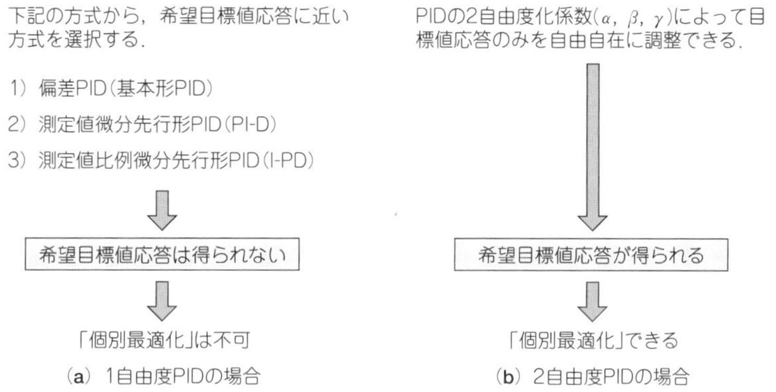

下記の方式から，希望目標値応答に近い方式を選択する．

1) 偏差PID（基本形PID）
2) 測定値微分先行形PID（PI-D）
3) 測定値比例微分先行形PID（I-PD）

↓

希望目標値応答は得られない

↓

「個別最適化」は不可

(a) 1自由度PIDの場合

PIDの2自由度化係数（α, β, γ）によって目標値応答のみを自由自在に調整できる．

↓

希望目標値応答が得られる

↓

「個別最適化」できる

(b) 2自由度PIDの場合

図10-3　2自由度PIDは「PIDの個別最適化」を実現するもの

10.1.2　PID制御の個別最適化

　PID制御の2自由度化の必要性を，別の視点から考えてみましょう．制御系では，まず外乱抑制特性を最適にすることが基本です．1自由度PID制御の場合には，**図10-3(a)** に示すように目標値追従特性は偏差PID，測定値微分先行形PID（PI-D）または測定値比例微分先行形PID（I-PD）の中から希望目標値応答に近い方式を選択しなければなりません．外乱抑制特性に対する要求は一つですが，希望する目標値追従特性はプラントにおける制御の目的によって，オーバシュートが大きくても応答が速いものから，絶対にオーバシュートを嫌うものまで，千差万別です．しかし，1自由度PID制御の場合には外乱抑制特性を最適に調整すると，目標値追従特性はPIDの方式によって決まってしまい，希望する目標値応答を得ることができません．ところが，**図10-3(b)** に示すように2自由度PIDの場合には，外乱抑制特性を最適状態に固定したまま，2自由度化係数の設定によって，目標値追従特性を希望する応答特性に自由自在に調整することができます．つまり，PID制御を2自由度化するということは，制御系の個々の要求に対して「PID制御の個別最適化」を実現することであるといえます．

10.2　2自由度PIDの生い立ち

　1963年にホロビッツ（Issac M. Horowitz）が著書 *SYNTHESIS OF FEEDBACK SYSTEMS* のChapter 6で2自由度制御系の基本概念を提唱しています．そこでは，2自由度制御系の8種類の基本構成が示されています．その中から目標値フィルタ形2自由度PID制御系の基本構成を**図10-4**に示します．図において，PIDコントローラのPIDパラメータ値を外乱抑制特性最適に設定しておき，目標値フィルタのパラメータを調整して，目標値追従特性が最適になるように構成すれば，外乱抑制特性と目標値追従特性を独立して調整できるようになり，いわゆるPID制御の2自由度化が実現できます．

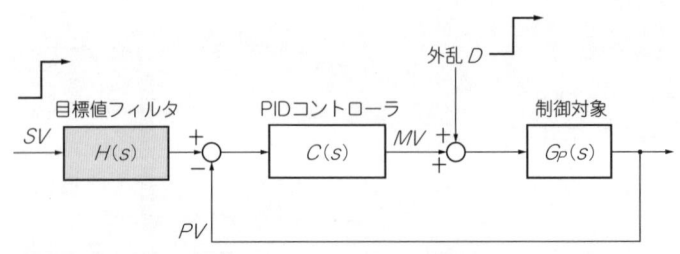

図10-4　目標値フィルタ形2自由度PID制御の基本構成

10.3　2自由度PID制御の具体例

2自由度PID制御には，P動作のみの2自由度化，PD動作のみの2自由度化の部分的2自由度PID制御から，PIDの3項すべてを2自由度化する完全2自由度PID制御までのレベルがあります．

10.3.1　P動作のみの2自由度PID制御

目標値フィルタ形でP動作のみを2自由度化したP動作のみの2自由度PID制御の機能構成を図10-5に示します．基本的には，従来の1自由度PIDである測定値微分先行形PID制御の目標値に(10-1)式の伝達関数をもつ目標値フィルタ$H(s)$を付加してP動作を2自由度化しています．

$$H(s) = (1 + \alpha T_I \cdot s)/(1 + T_I \cdot s) \quad \cdots\cdots(10\text{-}1)$$

　　α：比例ゲイン2自由度化係数($0 \sim 1$)，T_I：積分時間，s：ラプラス演算子

図10-5の目標値SVから制御量PVへの伝達関数$W_{SV}(s)$と外乱Dから制御量PVへの伝達関数$W_D(s)$を求めると，それぞれ(10-2)式および(10-3)式となります．

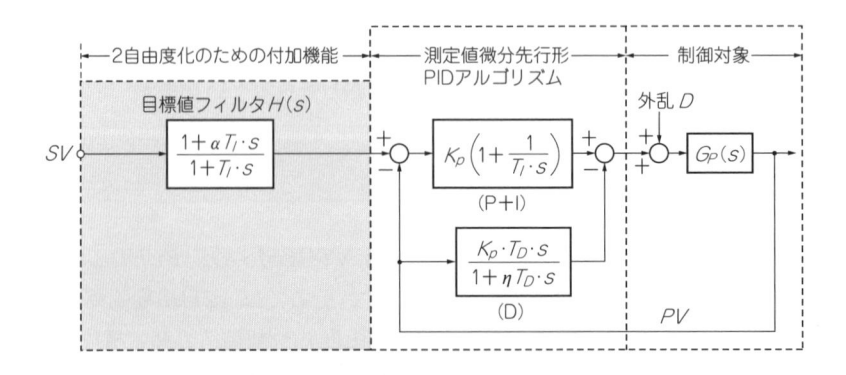

α	実現できるPID制御	区分
1	PI−D制御（測定値微分先行形PID）	1自由度PID
0	I−PD制御（測定値比例微分先行形PID）	1自由度PID
α	P−I−PD制御（Pのみ2自由度PID）	部分的2自由度PID

図10-5　P動作のみの2自由度PID（P−I−PD）制御の機能構成（その1）

$$W_{SV}(s) = \frac{K_p\left(a + \dfrac{1}{T_I \cdot s}\right)G_p(s)}{1 + K_p\left(1 + \dfrac{1}{T_I \cdot s} + \dfrac{T_D \cdot s}{1 + \eta\, T_D \cdot s}\right)G_p(s)} \quad \cdots\cdots (10\text{-}2)$$

$$W_D(s) = \frac{G_p(s)}{1 + K_p\left(1 + \dfrac{1}{T_I \cdot s} + \dfrac{T_D \cdot s}{1 + \eta\, T_D \cdot s}\right)G_p(s)} \quad \cdots\cdots (10\text{-}3)$$

K_p：比例ゲイン，T_I：積分時間，T_D：微分時間，$G_p(s)$：制御対象の伝達関数，
η：微分係数(0.1〜0.125)，a：比例ゲイン2自由度化係数(0〜1)

これらの式を見ると，a を変化させた場合，目標値 SV から制御量 PV への伝達関数 $W_{SV}(s)$ には直接影響を与えるが，外乱 D から制御量 PV への伝達関数 $W_D(s)$ にはまったく影響を与えないことがわかります．したがって，PIDパラメータを外乱抑制特性が最適になるように調整したあと，目標値追従特性が最適になるように a を調整すれば，二つの伝達特性を独立して最適に設定・調整することができる，いわゆるP動作のみの2自由度PID制御を実現していることがわかります．a の初期値としては 0.4 を推奨しています．a の設定によって，**図10-5**に示すように3種類のPID形式を実現でき，汎用性が拡がっていることも大きな特徴です．

(10-1)式の目標値フィルタ $H(s)$ を変形すると，(10-4)式となります．

$$H(s) = a + (1 - a)\frac{1}{1 + T_I \cdot s} \quad \cdots\cdots (10\text{-}4)$$

(10-4)式を用いたP動作のみの2自由度PID制御の機能構成を，**図10-6**に示します．機能的には**図10-5**に示すものとまったく同じですが，2自由度化の範囲を拡大するのに役立つ構成です．

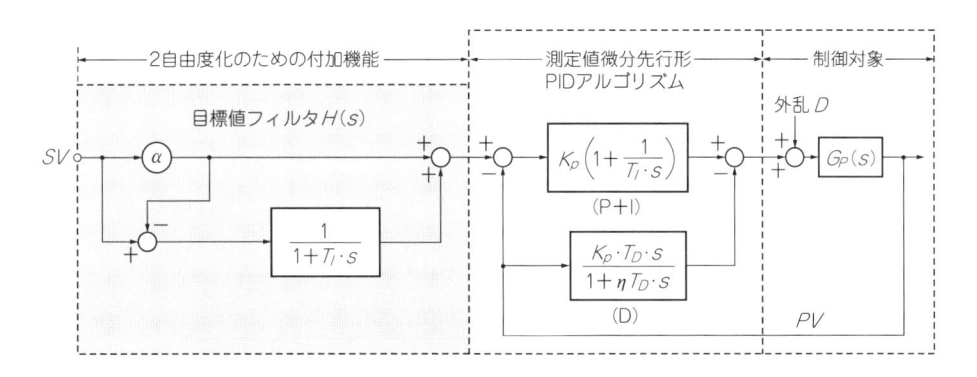

α	実現できるPID制御	区　分
1	PI−D制御（測定値微分先行形PID）	1自由度PID
0	I−PD制御（測定値比例微分先行形PID）	
α	P−I−PD制御（Pのみ2自由度PID）	不完全2自由度PID

図10-6　P動作のみの2自由度PID（P−I−PD）制御の機能構成(その2)

10.3.2 PD動作のみの2自由度PID制御

次に，PD動作を2自由度化した2自由度PID制御の機能構成を図10-7に示します．基本的には，これは前述のP動作のみの2自由度PID制御の機能構成を示す図10-6において，微分動作を分離して，微分時間2自由度化係数γを用いて，D動作の2自由度化を実現しています．

図10-7の目標値SVから制御量PVへの伝達関数$Y_{SV}(s)$と外乱Dから制御量PVへの伝達関数$Y_D(s)$を求めると，それぞれ(10-5)式および(10-6)式となります．

$$Y_{SV}(s) = \frac{K_p\left(\alpha + \dfrac{1}{T_I \cdot s} + \dfrac{\alpha\gamma T_D \cdot s}{1+\eta T_D \cdot s}\right)G_p(s)}{1 + K_p\left(1 + \dfrac{1}{T_I \cdot s} + \dfrac{T_D \cdot s}{1+\eta T_D \cdot s}\right)G_p(s)} \quad\cdots\cdots (10\text{-}5)$$

$$Y_D(s) = \frac{G_p(s)}{1 + K_p\left(1 + \dfrac{1}{T_I \cdot s} + \dfrac{T_D \cdot s}{1+\eta T_D \cdot s}\right)G_p(s)} \quad\cdots\cdots (10\text{-}6)$$

K_p：比例ゲイン，T_I：積分時間，T_D：微分時間，$G_p(s)$：制御対象の伝達関数，
η：微分係数（0.1～0.125），α：比例ゲイン2自由度化係数，γ：微分時間2自由度化係数

これらの式を見ると，α，γを変化させた場合は，目標値SVから制御量PVへの伝達関数$Y_{SV}(s)$には直接影響を与えますが，外乱Dから制御量PVへの伝達関数$Y_D(s)$にはまったく影響を与えないことがわかります．したがって，PIDパラメータ値を外乱抑制特性が最適になるように調整したあと，目標値追従特性が最適になるようにαおよびγを調整すれば，二つの伝達特性を独立して最適に設定・調整

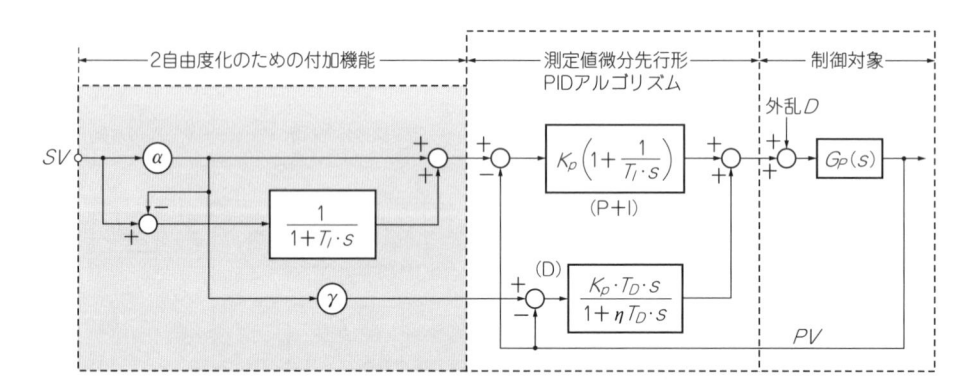

α	γ	実現できるPID制御	区 分
1	1	基本PID制御（偏差PID）	1自由度PID制御
1	0	PI-D制御（測定値微分先行形）	
0	1	I-PD制御（測定値比例微分先行形）	
α	0	P-I-PD制御（Pのみ2自由度）	不完全2自由度PID (PD動作の2自由度化)
α	γ	PD-I-PD制御（PDのみ2自由度）	

図10-7　PD動作のみの2自由度PID（PD−I−PD）制御の機能構成

することができる，いわゆるPD動作のみの2自由度PID制御を実現していることがわかります．aおよびγの設定によって，図10-7に示すように5種類のPID形式を実現でき，さらに汎用性が拡がっていることも大きな特徴です．これによって，PID制御形式の選択の自由度が非常に広くなり，制御対象の特性，制御上のニーズや制約に合わせてきめ細かく調整することができることになります．言い換えると，2自由度PID制御はPID制御の個別最適化を大きく前進させることができるといえます．

2自由度化係数の設定は，次のようにすることを推奨します．
1) 通常のとき：$a = 0.4$，$γ = 0$

$a = 1$のときは測定値微分先行形PID（PI-D），$a = 0$のときはI-PDとなり，aは0〜1まで目標値変化の大きさを制御に反映できますが，通常はその中間近傍の$a = 0.4$を推奨しています．目標値変化に対する微分動作もγの設定で強さを自由自在に調整できますが，目標値変化にともなうキックを防止するために通常$γ = 0$を推奨しています．

2) 温度プログラム制御などのとき：$a = 0.4$，$γ = 1.25$

この値を初期値として，目標値のプログラム変化に対する追従性が最適となるように微調整します．

2自由度PID制御のPIDパラメータの調整は，次の手順で行います．

① 前章で説明した最適調整法を用いて，まず外乱抑制特性が最適になるようにPIDパラメータを調整・決定します．

② 次に，上記①で求めたPIDパラメータ値はそのまま設定しておき，まず$a = 0.4$，$γ = 0$を初期値として，目標値をステップ変化させて目標値応答が希望となるようにa，γを調整します．

以上の調整によって，「外乱抑制特性」と「目標値追従特性」を同時に最適化することができるし，aおよびγの調整によってPID制御の個別最適化を実現することができます．

10.3.3 完全2自由度PID制御

これまでは，PD動作までを2自由度化する部分的2自由度PID制御，つまり不完全2自由度PID制御でした．次に，筆者自身が開発・実用化したPID 3項すべてを2自由度化した完全2自由度PID制御方式を紹介します．この方式は非常にシンプルに完全2自由度PID制御を実現したもので，究極の完全2自由度PID制御方式ではないかと考えています．

その完全2自由度PID制御方式の機能構成を図10-8に示します．これは前述のPD動作のみの2自由度PID制御の機能構成を示す図10-7において，目標値フィルタの1次遅れ時定数T_Iに係数βを付加して，βを積分時間2自由度化係数とするものです．

図10-8の目標値SVから制御量PVへの伝達関数$Z_{SV}(s)$と外乱Dから制御量PVへの伝達関数$Z_D(s)$を求めると，それぞれ(10-7)式および(10-8)式となります．

$$Z_{SV}(s) = \frac{K_p\left[a + \left\{\dfrac{1}{T_I \cdot s} - \dfrac{(1-a)(\beta-1)}{1+\beta T_I \cdot s}\right\} + \dfrac{a\gamma T_D \cdot s}{1+\eta T_D \cdot s}\right]G_p(s)}{1 + K_p\left(1 + \dfrac{1}{T_I \cdot s} + \dfrac{T_D \cdot s}{1+\eta T_D \cdot s}\right)G_p(s)} \quad \cdots\cdots(10\text{-}7)$$

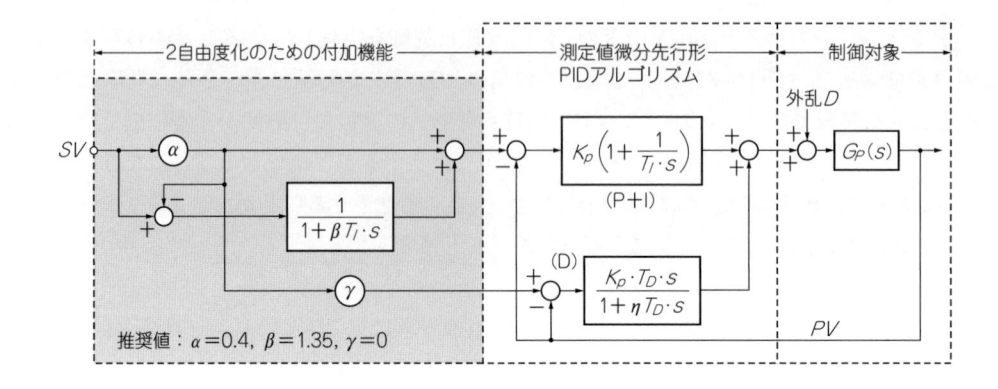

図10-8 完全2自由度PID制御の機能構成(その1)

α	β	γ	実現できるPID	区 分
1	1	1	一般PID制御(偏差PID)	
1	1	0	PI-D制御(測定値微分先行形)	1自由度PID制御
0	1	0	I-PD制御	
α	1	0	P-I-PD制御(Pのみ2自由度)	
α	1	γ	PD-I-PD制御(PDのみ2自由度)	不完全2自由度PID
α	β	0	PI-PD制御(PIのみ2自由度)	
α	β	γ	PID-PD制御(PIDすべて2自由度)	完全2自由度PID

$$Z_D(s) = \frac{G_p(s)}{1 + K_p\left(1 + \dfrac{1}{T_I \cdot s} + \dfrac{T_D \cdot s}{1 + \eta\, T_D \cdot s}\right)G_p(s)} \quad \cdots\cdots (10\text{-}8)$$

K_p：比例ゲイン，T_I：積分時間，T_D：微分時間，$G_p(s)$：制御対象の伝達関数，

η：微分係数(0.1〜0.125)，α：比例ゲイン2自由度化係数，

β：積分時間2自由度化係数，γ：微分時間2自由度化係数

これらの式を見ると，α，β，γを変化させた場合，目標値SVから制御量PVへの伝達関数$Z_{SV}(s)$には直接影響を与えるが，外乱Dから制御量PVへの伝達関数$Z_D(s)$にはまったく影響を与えないことがわかります．したがって，PIDパラメータ値を外乱抑制特性が最適になるように調整したあと，目標値追従特性が最適になるようにα，βおよびγを調整すれば，二つの伝達特性を独立して最適に設定・調整することができる，いわゆるPID動作のすべてを2自由度化した完全2自由度PID制御を実現していることがわかります．α，βおよびγの設定によって，図10-8に示すように現存するすべてのPID形式を実現することができる，統合形PID制御方式になっていることも大きな特徴です．これによって，PID制御形式の選択の自由度が限界までに広くなっていて，制御対象の特性，制御上のニーズや制約に合わせてきめ細かく調整することができます．言い換えると，完全2自由度PID制御はPID制御の個別最適化を実現するものであるといえます．図10-8の2自由度化のための付加機能を変形・整理すると，図10-9に示すようになり，この両図に示す構成の完全2自由度PIDの機能はまったく同一です．

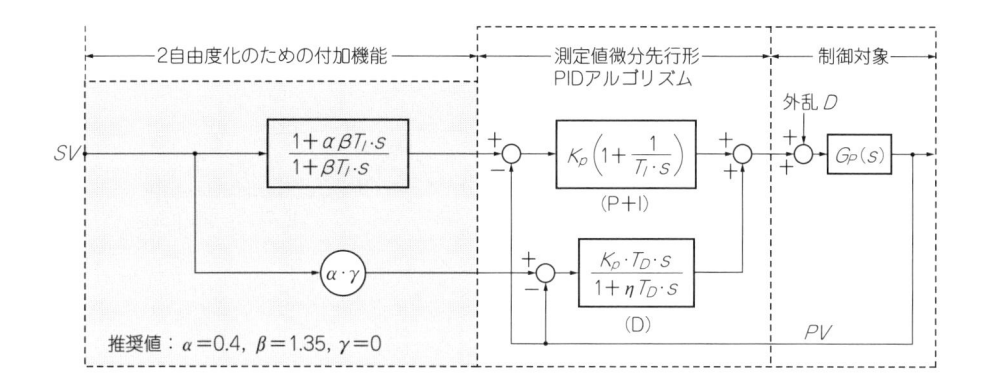

図10-9 完全2自由度PID制御の機能構成(その2)

図10-10に1自由度PIDと2自由度PIDの応答比較を示します．1自由度PIDでは，外乱抑制特性を最適にすると，目標値追従特性は大きくオーバシュートし，逆に目標値追従特性を最適にすると，外乱抑制特性が非常にルーズとなるという二律背反状態となります．これに対し，2自由度PIDの場合には，外乱抑制特性と目標値追従特性の双方を同時に最適化できることが，図から読み取れます．図10-11には，2自由度PIDの制御特性評価指標$ITAE(=\int t|e|dt$，e：偏差，t：時間$)$の等高線を示します．この図は次のような重要な知見を示しています．

(1) 完全2自由度PIDにおいて，α，βを変えたとき，最適点(中央近傍の丸印)は一つであること．つまり，α-β平面で単峰性最適点をもっていること．
(2) 比例ゲイン2自由度化係数αのみを変化させても，最適点には到達できない．積分時間2自由度化係数βを付加してはじめて最適点に到達できること．

これらの知見から，I動作の2自由度化の重要性をよく認識することができると思います．
完全2自由度PIDにおける2自由度化係数α，β，γは，次のように設定することを推奨しています．
 1) 通常のとき：$\alpha=0.4$，$\beta=1.35$，$\gamma=0$

$\alpha=1$，$\beta=1$，$\gamma=0$のときは測定値微分先行形PID(PI-D)，$\alpha=0$，$\beta=1$，$\gamma=0$のときはI-PDとなり，α，βの設定で目標値応答を自由自在に変えることができます．通常は，調整則から求めた$\alpha=0.4$およびシミュレーションで求めた$\beta=1.35$を推奨しています．目標値変化に対する微分動作もγの設定で強さを自由自在に調整できますが，目標値変化にともなうキックを防止するために通常$\gamma=0$を推

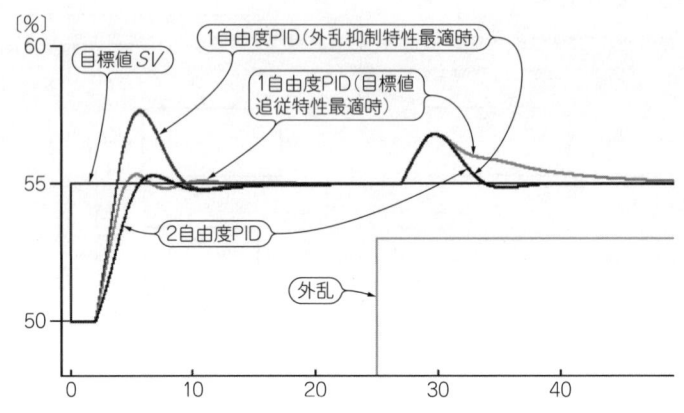

図10-10　1自由度PIDと2自由度PIDの応答比較

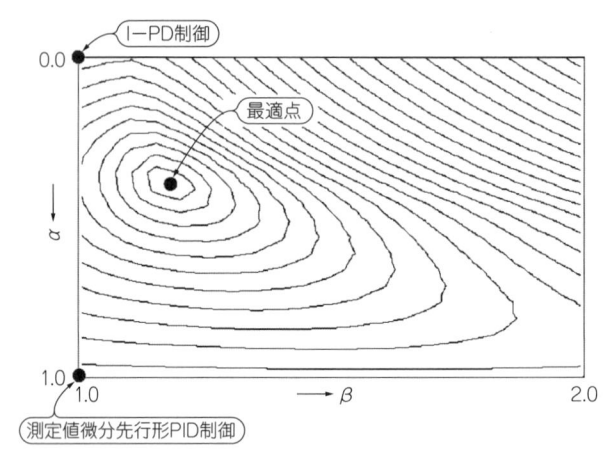

図10-11　制御特性評価指標（ITAE）の等高線図

奨します．

2) 温度プログラム制御などのとき：$\alpha = 0.4$, $\beta = 1.35$, $\gamma = 1.25$

これらの値を初期値として，目標値のプログラム変化に対する追従性が最適となるように微調整します．

また，完全2自由度PID制御のPIDパラメータの調整は次の手順で行います．

① 前章で説明した最適調整法を用いて，外乱抑制特性が最適になるようにPIDパラメータを調整・決定します．

② 次に，上記①で求めたPIDパラメータ値はそのまま設定しておき，まず$\alpha = 0.4$, $\beta = 1.35$, $\gamma = 0$を初期値として，目標値をステップ変化させて目標値応答が希望となるようにα, β, γを微調整します．

以上の調整によって，「外乱抑制特性」と「目標値追従特性」を同時に最適化することができるし，また外乱抑制特性を最適に維持したまま，α, βおよびγの調整で希望する目標値応答を得ることができ

るので「PID制御の個別最適化」を実現できます．

10.4 まとめ

以上，PID制御を2自由度化に関して，PまたはPDを2自由度化した部分的(不完全)2自由度PIDからPID 3項すべてを2自由度化した完全2自由度PIDについて説明しました．ここで説明した完全2自由度PIDは，次のようなすぐれた特徴をもっています．
1) 非常にシンプルな構成で完全2自由度PIDを実現しています．
2) 「外乱抑制特性」と「目標値追従特性」を同時に最適化できます．
3) 外乱抑制特性を最適に維持したまま，プラント制御の要求に合った目標値応答を得ることができる，つまり「PID制御の個別最適化」を実現できます．
4) 2自由度化係数 α, β, γ の設定により，現存するすべてのPID形式を実現できる「統合形PID」となっています．

10.5 シミュレーションによる2自由度PID制御特性の確認

シミュレーションにより，次の確認をしてください．
1) 1自由度PID制御と2自由度PID制御の比較
2) 比例ゲイン2自由度化係数 α の効果
3) 積分時間2自由度化係数 β の効果

第11章　アドバンスト制御

11.1　アドバンスト制御の意味

　アドバンスト制御（Advanced Control）は「より進んだ制御」ということになりますが，学会と産業界では意味の範囲が異なっています．学会で用いられる場合は「状態方程式に基づく現代制御理論などの高度な理論と複雑な数式を駆使した制御」という意味を表しています．いわゆる，理論性，新規性を重視した意味となっています．

　しかし，産業界では理論性や新規性よりも有効性を重視し，もっと広い意味で用いられています．広義のアドバンス制御とは，「単純なPID制御に何らかの改良を加えて，より制御対象の特性に適応するようにしたもので，新しい効果をもつ制御およびより有効な非PID制御」という意味で用いられています．もう少し詳細な意味の考え方を**図11-1**に示します．制御系は，「制御システム」と「制御対象」に大別されます．「制御システム」は数学を含む情報が支配する世界で，情報は自由に加工・変形できます．

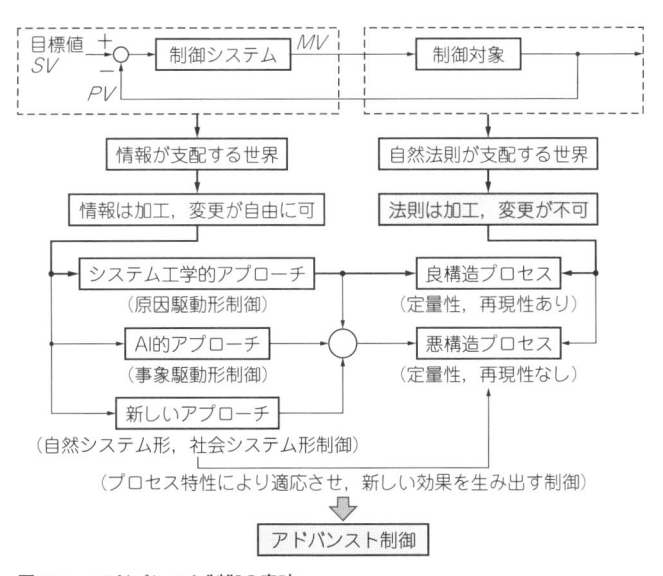

図11-1　アドバンスト制御の意味

これに対して，「制御対象」は自然法則が支配する世界で，法則は勝手に加工・変形することはできません．

そこで，より良い制御特性を得るためには，自由に加工・変形できる制御システムを，加工・変形できない制御対象の特性に，より良く適応させることが必要となります．このように，制御対象の特性により適応させるようにして新しい効果を生み出す制御のことを「アドバンスト制御」ということができます．

11.2　アドバンスト制御の適用メリット

アドバンスト制御適用の目的は，制御の目的や制御する対象の要求などによって種々ありますが，ここではプラント制御の場合について考えると，次の項目があげられます．
1) 省資源・省エネルギ
2) 本格的フレキシブル・プロダクション
3) 高品質・均質化
4) 環境保全
5) IT化による生産性革新に耐える制御システム

図11-2に，アドバンスト制御の適用メリットを示します．一般の制御では制御量の変動幅が大きく，管理限界値ぎりぎりの運転ができないケースがしばしばあります．そこで，アドバンスト制御を適用して制御性の向上を図り，制御量の変動幅を抑制して，管理限界値ぎりぎりの運転で省資源・省エネ・環境保全・高品質などの限界に挑むことになります．さらに，最適化と組み合わせれば効果は大きくなり

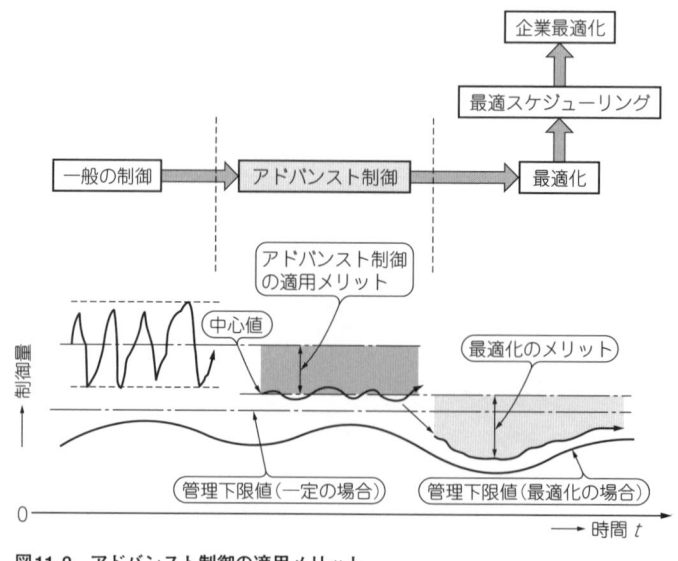

図11-2　アドバンスト制御の適用メリット

表11-1 アドバンスト制御の適用メリット

No.	量的メリット	質的メリット	安全上のメリット
1	省資源・省エネ化	均質化	設備ストレスの低減
2	フレキシブル化・ストックレス化	高品質化・多品種化	環境汚染の抑制
3	限界の少人数運転化	歩留まりの向上	予防保全の高度化

ます.

　プラントの規模が大きくなれば，なるほど多数の制御系で構成されているため，一つの制御系にアドバンスト制御を適用してもプラント全体の動きはほとんど改善できません．多数のアドバンスト制御を散りばめれば散りばめるほど，プラントの動きは活性化されていき，高度化されることになります．

　このような視点から考えると，産業用として実用的なアドバンスト制御の具備すべき条件は，理論的高度性や数学的複雑性よりも，
1) 有効性(何よりも効果が大きいこと)
2) 経済性(コスト・パフォーマンスが良いこと)
3) 信頼性(わかりやすさ，異常時の対応の容易性)
4) 多用性(散りばめて，多用できること)
5) 複合性(アドバンスト制御の複合組み合わせが簡単であること)
6) 発展性(より高度化への発展の可能性があること)

が重要となります．要約すると，工業的には「シンプルで，効果が大きく，散りばめて多用できるアドバンスト制御」が優れていると考えます．

　プラントにアドバンスト制御を適正に使用すれば，**表11-1**に示すような量的メリット，質的メリットおよび安全上のメリットを実現することができます．

11.3　アドバンスト制御の現状

　アドバンスト制御の手法を大きく分類すると，
1) 古典制御理論形
2) 現代制御理論形
3) 知識形
4) 自然システム形
5) 社会システム形

のようになります．現在，プラント運転の現場で多用されているのは，古典制御理論をベースとした現場的アドバンスト制御で，現代制御理論をベースとした理論的アドバンスト制御はまだまだごく少数派であり，現場の荒波を乗り越えて汎用的に適用できるようにするには，解決しなければならない多くの課題をかかえているといえます．現在の応用レベルでは，理論性が増せば増すほど，より正確な制御対象モデルを要求するという，実用的側面からみると非常に困難な側面をもっており，実用化，汎用化の

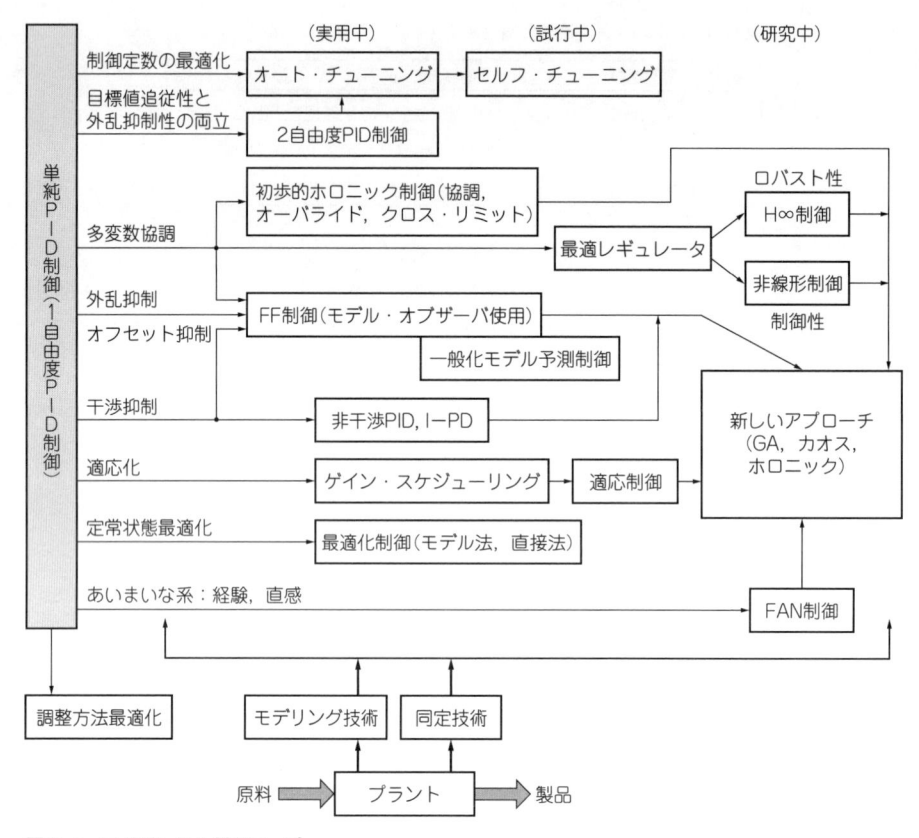

図11-3 アドバンスト制御マップ

大きな障壁となっています．制御対象特性が正確にわかっていることを前提とした理想世界の現代制御理論と制御対象の特性が常に変化しているという現実世界のギャップを補完し，制御の高度化を実現しようとするさまざまなアプローチが試みられています．

図11-3にアドバンスト制御マップを示します．理論の限界を人間のもつ知識，思考，行動にならって制御の高度化をめざす知識制御，さらに，生命体，自然現象，自然システムや社会システムなどに学び，優れた制御をめざす遺伝的アルゴリズム，カオス技術，ホロニック・システム技術などがあり，これらの動向や進展には注目していかなければなりません．

11.4 アドバンストPID制御

先に説明したように，産業界におけるアドバンスト制御の定義は「単純なPID制御に何らかの改良を加えて，より制御対象の特性に適応するようにしたもので，新しい効果をもつ制御」であるということから，1自由度の基本PID制御に改良を加えて新しい効果をもつPID制御は，すべてアドバンスト制御ということになります．

表11-2 アドバンストPID制御の諸手法と効果

分類	区分		制御対象の特質	効果のあるプロセス
汎用形	1) 2自由度PID制御		全般(特定しない)	全般
	2) オート・チューニングPID制御			
制御対象特性適応形	1) 非線形PID制御			
		a) ギャップ付きPID	・非線形 ・変動	・pH中和制御 ・レベル制御
		b) 偏差自乗形PID	・非線形	・pH中和制御
		c) ゲイン・スケジューリング形	・混合プロセスの外乱	・温度,濃度の制御
		d) 可変ゲインPID	・非線形	・非線形プロセスの制御
	2) スミスむだ時間制御		・むだ時間	・炉温制御など
	3) サンプル値PI制御		・むだ時間	・濃度制御など
	4) オーバライド制御		・操作端数<制御点数	・炉温・板温制御
	5) 選択制御		・安全性・冗長性	・最高点,中間点,最低点の制御
	6) 非干渉制御		・干渉プロセス	・炉上下部温度制御など

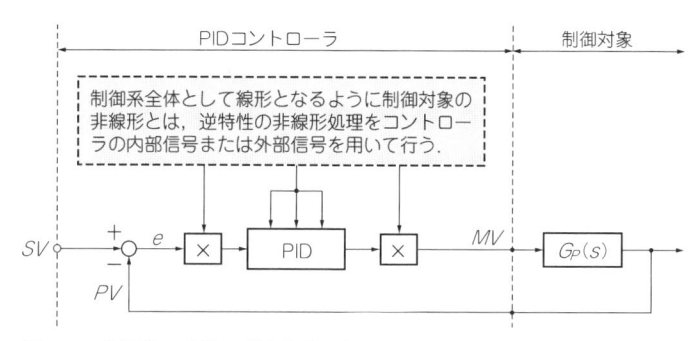

図11-4 非線形PID制御の基本的考え方

表11-2に，アドバンストPID制御の諸手法と効果を示します．第10章で説明した2自由度PID制御も立派なアドバンストPID制御です．アドバンストPID制御はPID制御の本質的な機能を改良したもので，制御対象特性に依存しない汎用形と制御対象の特性に適応するように改良した制御対象適応形に大別されます．この制御対象特性適応形アドバンストPID制御の中の非線形PIDの基本的考え方を図11-4に示します．目標値SV，制御量PV，偏差e，操作量MVなどのコントローラの内部信号または外部信号を用いて，制御対象の特性を推定し，制御系全体としてリニアになるように修正するものです．このように制御技術の特性を制御対象の特性に適応させて制御性能を改良するのが，アドバンスト制御の基本の一つということになります．

11.5 FF(フィードフォワード)/FB(フィードバック)制御

ここでは，アドバンストPID制御以外で，シンプルな構成で効果が大きいと評価されて，もっとも多く使用されているアドバンスト制御という位置付けとなっているFF(Feed Forward)制御について説

明します．FF制御は予測先行機能のみで，偏差をゼロにする機能をもっていないため，必ず**FB（Feed Back）制御**と組み合わせて使用されることから「FF/FB制御」と呼ばれています．

11.5.1 フィードバック制御の原理的限界

　前章までに，PID制御そのものについて多角的に検討し，説明してきました．たしかにPID制御はシンプルな構成で，わかりやすく，非常に有効な技術であることには誰も疑念の余地はないと思います．このPID制御は，一般的に図11-5に示すような構成にして，FB（Feed Back）制御系として適用します．この優れたFB制御も，原理的限界をもっています．それは，負荷変動などの「外乱」の影響を受けるという基本的性質です．偏差 e が生じると，偏差 e がゼロになるようにPID演算を行って，操作信号 MV を増減させ，その効果が制御量 PV の変化となって現れます．この制御量 PV はフィードバック信号としてPIDコントローラに取り込まれ，目標値 SV と比較されて偏差 e が作り出されます．

　この偏差 e がゼロであれば，操作信号 MV の変化はなく，偏差 e がゼロでなければ，PID制御動作によって偏差 e がゼロになるまで MV の変化が続くことになります．このようにFB制御は「結果」を見ての修正制御，つまり「後追い制御」であるために，外乱 D が発生するとまず制御量 PV に影響が現れ，偏差 $e(=SV-PV)$ が発生して，はじめて修正制御をはじめるために，外乱の影響は避けられません．

　このFB制御の限界は，産業界のニーズである，

1) 本格的フレキシブル・プロダクション
2) 省資源・省エネルギ
3) 品質の安定，向上
4) 環境保全
5) 安全性の高度化

などにとって，大きな障害となるので，この限界を打破して乗り越える必要があります．

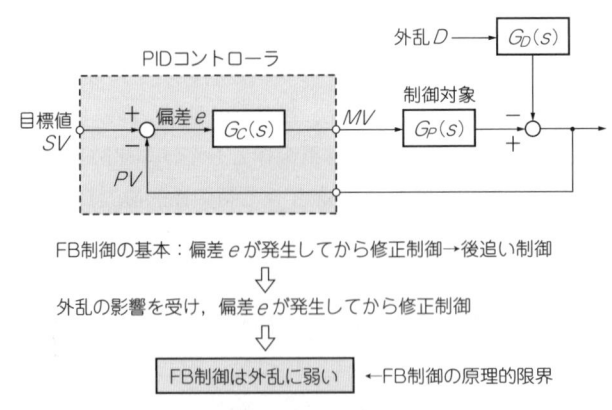

図11-5　PIDコントローラを用いたFB制御系

11.5.2　FB制御の限界を乗り越えるには

　FB制御では，図11-5に示すように，外部情報としては制御量PVのみしか利用していません．そこでFB制御の限界を乗り越えるためには，図11-6に示すように外乱Dの情報を取り込んで，外乱Dが制御量PVに影響を与える前に，先回りして外乱Dの影響を打ち消す先行予測制御機能，つまりFF（Feed Forward）制御を組み合わせればよい，ということになります．

　FF制御は先行予測制御機能のみで，結果を見ないオープン・ループであるため，図11-6に示すように，FB制御と組み合わせて双方の長所を生かす形で構成します．FF制御とFB制御の組み合わせをわかりやすく説明するために，外敵から国を守る戦争を例にして説明します．図11-7に示すように，FB制御は専守防衛型戦法であるために，外敵の攻撃を受けると，攻め込まれて被害が出てから，はじめて防戦することになります．一方，FF制御は，斥候を出して敵の情報を取って，その情報を活用して国境で待ち伏せをして外敵を倒す戦法です．この待ち伏せのFF制御から漏れて入ってきた外敵をFB制御で完全に除去するように構成することになります．このようにFF制御とFB制御を組み合わせたものを，FF/FB制御と呼びます．

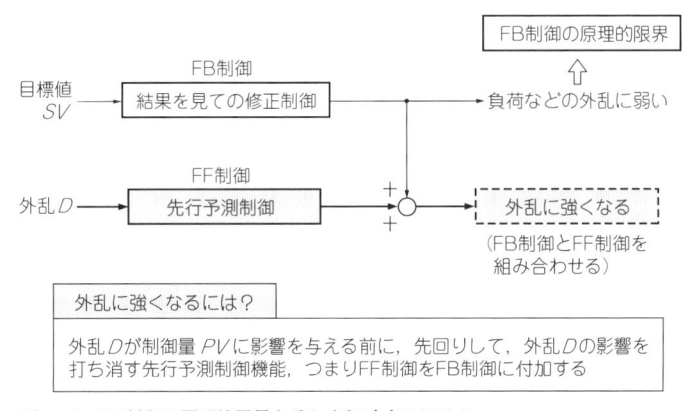

図11-6　FB制御の原理的限界とそれを打破するには？

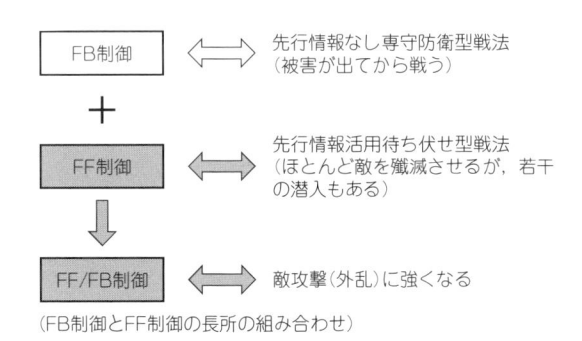

図11-7　FB制御とFF制御の組み合わせ

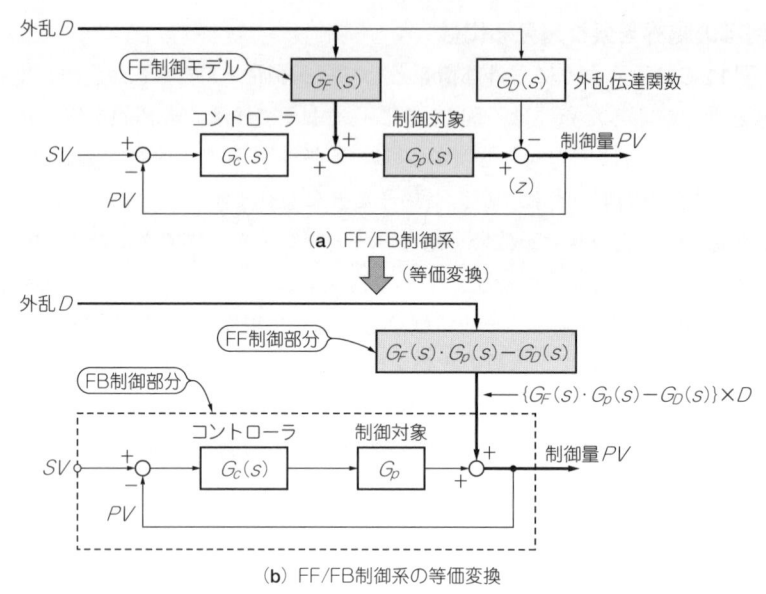

図11-8 FF制御とFB制御の組み合せと等価変換

11.5.3　FF制御モデル $G_F(s)$ の導出

　ここではFF制御とFB制御の組み合わせの本質を直感的に理解しやすいように，図式的にFF制御モデル $G_F(s)$ を導出する方法を用いて説明します．図11-8(a)にFF/FB制御系の構成を示します．外乱 D が外乱伝達関数 $G_D(s)$ を介して制御量 PV に影響を及ぼすのを，外乱 D がFF制御モデル $G_F(s)$ および制御対象 $G_p(s)$ を介した逆極性の信号を補償信号として，Z点で付き合わせると，FF制御モデル $G_F(s)$ が最適な場合は，外乱 D の影響を完全に相殺でき，外乱 D の影響を抑制できます．しかし，現実には，FF制御モデル $G_F(s)$ は理想状態からズレるために外乱 D の影響を完全には除去できません．そのFF制御から漏れてきた影響をFB制御で除去する構成となっています．図11-8(b)は図11-8(a)に示すFF/FB制御系を等価変換したものですが，この図はFF制御とFB制御の関係の重要な意味を示しています．この図から，外乱 D がどのように変化しても，制御量 PV に影響を与えないようにするためには，(11-1)式が成立すればよいことになります．

$$\{G_F(s) \cdot G_p(s) - G_D(s)\} \times D = 0 \quad \cdots\cdots\cdots\cdots\cdots\cdots\cdots (11\text{-}1)$$

　(11-1)式から(11-2)式に示すFF制御モデル $G_F(s)$ を得ることができます．

$$G_F(s) = G_D(s)/G_p(s) \quad \cdots\cdots\cdots\cdots\cdots\cdots\cdots (11\text{-}2)$$

11.5.4　実際のFF制御モデル

　一般的に，制御対象および外乱の特性は「むだ時間＋1次遅れ」で近似し，(11-3)および(11-4)式で表します．

制御対象伝達関数 $G_p(s) = K_p \dfrac{1}{1+T_p \cdot s} e^{-L_p \cdot s}$ ……………………………………………(11-3)

K_p：制御対象ゲイン

T_p：制御対象時定数

L_p：制御対象むだ時間

外乱伝達関数 $G_D(s) = K_D \dfrac{1}{1+T_D \cdot s} e^{-L_D \cdot s}$ ……………………………………………(11-4)

K_D：外乱ゲイン

T_D：外乱時定数

L_D：外乱むだ時間

これらの(11-3)および(11-4)式を(11-2)式に代入して，実際のFF制御モデル $G_F(s)$ を求めると，(11-5)を得ます．

$$\begin{aligned}\text{FF制御モデル } G_F(s) &= \dfrac{G_D(s)}{G_p(s)} \\ &= \dfrac{K_D}{K_p} \cdot \dfrac{1+T_p \cdot s}{1+T_D \cdot s} e^{-(L_D - L_p) \cdot s}\end{aligned}$$ ……………………………………………(11-5)

実際の場合には，制御対象むだ時間 L_p と外乱むだ時間 L_D がほぼ等しいとみなした(11-6)式に示す進み/遅れの特性をもったFF制御モデルが多く使用されています．

$$\begin{aligned}\text{FF制御モデル } G_F(s) &= \dfrac{K_D}{K_p} \cdot \dfrac{1+T_p \cdot s}{1+T_D \cdot s} \\ &= K \dfrac{1+T_p \cdot s}{1+T_D \cdot s}\end{aligned}$$ ……………………………………………(11-6)

$K = K_D / K_p$：FF制御ゲイン

(11-6)式のFF制御モデルをFB制御と組み合せたディジタルFF/FB制御系の基本機能構成を**図11-9**に示します．第7章で説明した本質継承機能は実際は必要不可欠ですが，図が複雑になるために省略し

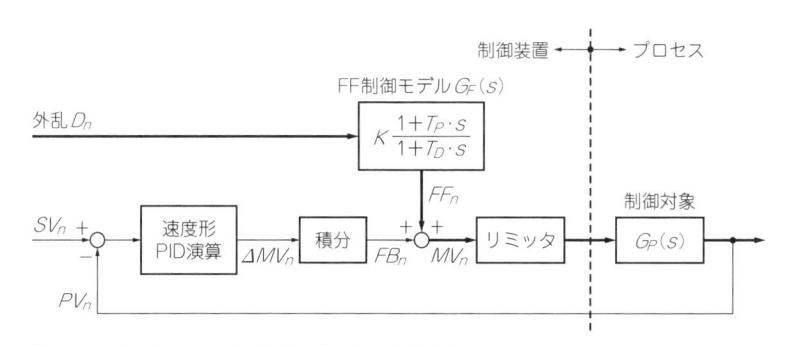

図11-9 ディジタルFF/FB制御方式の基本機能構成

11.5　FF（フィードフォワード）/FB（フィードバック）制御

ています．速度形PID演算をした速度形出力信号ΔMV_nを積分して位置形フィードバック制御出力信号FB_nとFF制御モデル$G_F(s)$の出力信号FF_nとを加算して操作信号MV_nとして，リミッタ(制限)を介したのち，制御対象に加えるように構成します．

11.5.5 分離形ディジタルFF/FB制御方式

フィードバック制御のディジタルPID制御演算とフィードフォワード制御とを最適に，安全に組み合わせて，制御の目的や制御対象の特性に適合するように「個別最適化」が容易に実現できるように構成して実際の制御装置に実装することが重要なポイントになります．

図11-9に示したディジタルFF/FB制御方式は，(11-6)式に示すFF制御モデル$G_F(s)$をそのまま用いてFF制御信号を作り，それをFB制御の位置形出力信号に直接加え合わせる形のものでした．このような組み合わせ方式は，次のような問題点をもっています．

1) 制御の目的や運転上の制約，制御対象の特性などに適合するようにFF制御信号に上下限制限，不感帯，方向性などの機能をもたせることが難しいです．
2) FF制御をON/OFFするときのバランスレス・バンプレス化に工夫が必要です．
3) FF制御信号がゼロを中心とした信号でないため，他の信号との複合組み合わせが複雑となります．

これらのために，制御対象の特性，制約条件によっては，FF制御を断念したり，または不完全な形で適用せざるを得ないケースが多く，FF制御の効果を必ずしも最大限に引き出すことができない状態にありました．

これらの問題点を解決した分離形ディジタルFF/FB制御方式について説明します．従来のFF/FB制御方式では，FF制御モデル$G_F(s)$が(11-6)式に示すように「静特性補償要素」と「動特性補償要素」とが掛算で結合した「乗法結合」となっています．これに対して，この分離形ディジタルFF/FB制御方式では，(11-7)式に示すように「静特性補償要素」と「動特性補償要素」の和とした「加法結合」にすることにより，実用的な諸要求に柔軟に適用できるようにしたものです．

$$G_F(s) = \underset{(静特性補償要素)}{K} \times \underset{(動特性補償要素)}{g_F(s)}$$
$$= K\{1 + [g_F(s) - 1]\}$$
$$= \underset{(静特性補償要素)}{K} + \underset{(動特性補償要素)}{K[g_F(s) - 1]} \quad \cdots\cdots (11\text{-}7)$$

ここで，$g_F(s) = \dfrac{1 + T_p \cdot s}{1 + T_D \cdot s}$

(11-7)式を用いて，FF制御とFB制御を次のように組み合せた分離形ディジタルFF/FB制御方式の実用構成例を，図11-10に示します．

1) 静特性補償分は差分を取って，速度形信号として速度形PID制御信号に加算します．
2) 動特性補償分は位置形信号として(1)で得られた制御信号を積分した位置形信号に加算します．

このような構成にすれば，図11-10の動特性補償分FF_{Dn}に非線形要素を挿入して上下限制限，不感

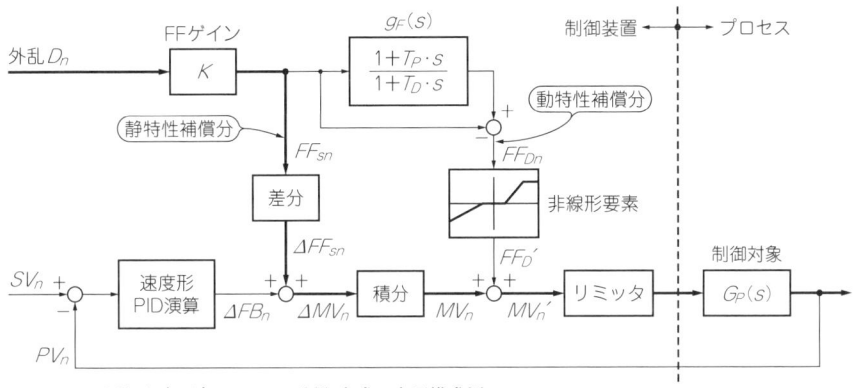

図11-10 分離形ディジタルFF/FB制御方式の実用構成例

帯,方向性などの処理を加えてもFF制御の静特性補償分は不変であるため,FF制御の基本機能には影響を及ぼさないことになります.

この分離形ディジタルFF/FB制御方式は,従来の問題点を解消して,次のような優れた特徴をもっています.
1) 動特性補償分に非線形要素を入れて上下限制限,不感帯,方向性などをもたせることができるために,実用上の諸要求に柔軟に対応することができ,FF制御を限界まで活用できます.
2) 他系の信号との組み合わせは速度形信号として組み合せればよいし,条件によってFF制御をON/OFFするときには,速度形信号とした静特性補償分と動特性補償分を単にON/OFFすればよいなどのほかの信号との組み合わせが容易です.
3) 速度形信号とした静特性補償分および動特性補償分にゲインを乗ずれば,オンラインでバランスレス・バンプレスにFFゲインを変更できるため,FFゲインの最適化など高度化に向けての発展性が大きいです.

11.5.6 FF/FB制御の効果

FF/FB制御はFB制御の外乱に弱いという原理的限界を乗り越えるものとして活用されていますが,その効果を見てみましょう.FF制御モデル$G_F(s)$をゲインのみとした場合,つまり静特性補償のみとした場合と動特性補償を付加した場合の外乱抑制特性のシミュレーションによる比較を図11-11に示します.静特性補償のみの場合には,外乱の影響を抑制しきれないで,かなり大きな影響を受けますが,動特性補償を付加すると,ほぼ完全に外乱の影響を抑制できることが明確に読み取れます.

前記11.5.2項の説明でFF/FB制御を戦法で説明し,FB制御は「専守防衛型」に,FF制御は「待ち伏せ型」にたとえました.このたとえ話では,FF制御の静特性補償は兵員数であり,動特性補償は外乱に対応して応戦する兵員数が国境に到着する時間を調整して,タイミングを合わせることを意味しています.外乱である敵兵数に対応する兵員数をそろえても,国境に到着する時間が遅れると,攻め込まれ,早すぎると敵地に攻め込むことになり,国境線上でピタリと抑止することはできません.敵が国境線に

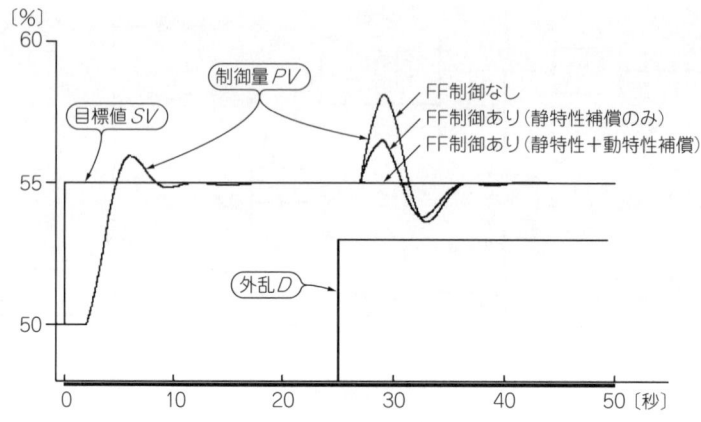

図11-11　FF/FB制御における動特性補償の有無の影響

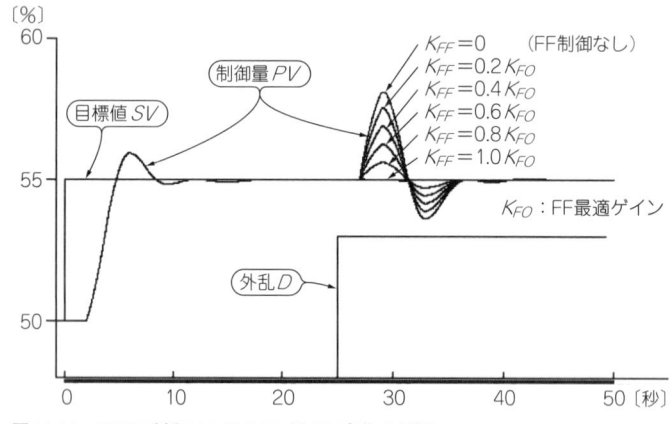

図11-12　FF/FB制御におけるFFゲイン変化の影響

攻めてくるのにタイミングを合わせて，必要な兵力を投入することができれば，国境線でピタリと食い止めることができ，内部にはまったく影響を及ぼさないことになります．

次に待ち伏せのタイミングを合わせておき，兵員数，つまりFF制御ゲインK_{FF}を最適値K_{FO}から徐々に小さくしていったときの影響を図11-12に示します．FF制御ゲインK_{FF}を最適値K_{FO}から小さくしていく，つまり兵員数を減らしていくと敵に攻め込まれて影響が増大していくことが明確に示されています．

11.5.7　FF制御の応用例

ボイラは給水を燃料による燃焼熱で加熱し，蒸気に変えて送り出すことが目的です．したがって，ボイラは負荷のニーズに合致した品質の蒸気を常に供給できるように制御しなければなりません．

工場の熱源として，不特定多数の需要端で使用されている蒸気は，省エネルギ思想の徹底とともに，

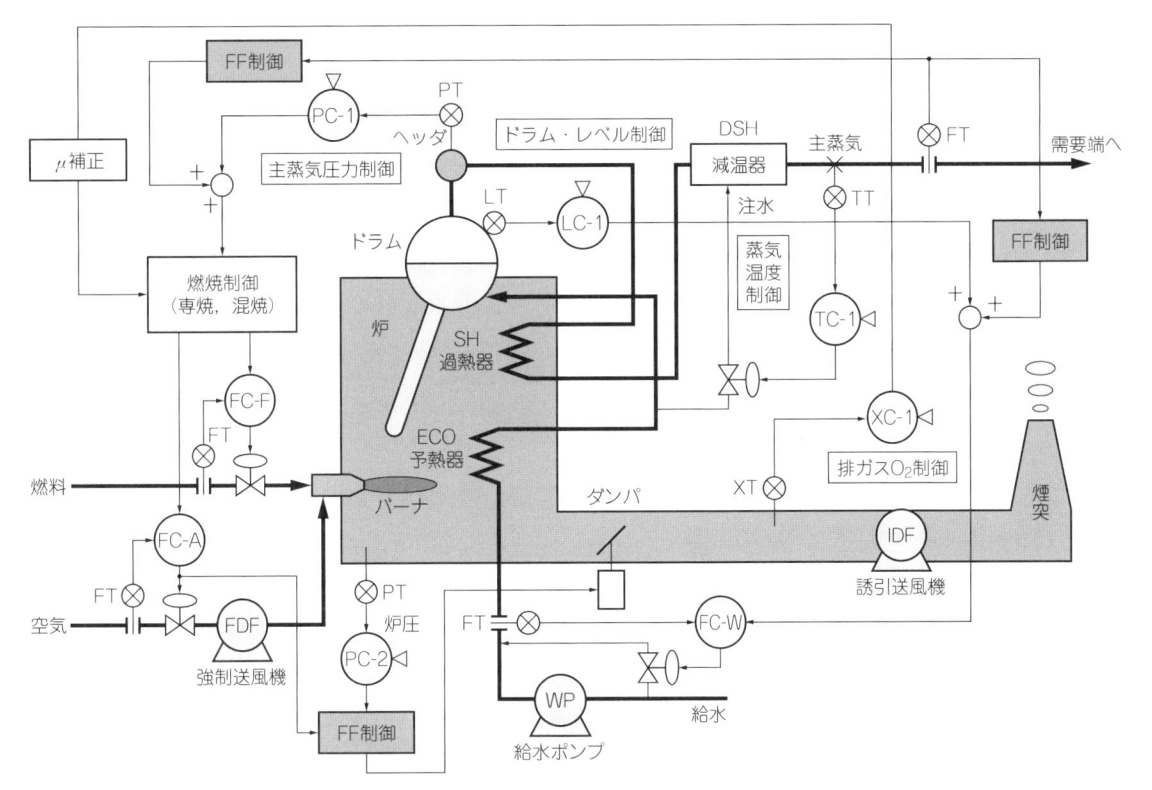

図11-13 FF制御のボイラ制御への応用

必要なときに必要な量だけ使用されるため,蒸気使用量は大きく変動することになります.この蒸気使用量の変化は,ボイラから見れば外乱そのものであり,この外乱の影響を制御系によって抑制し,常に一定の品質(圧力,温度)の蒸気を供給できるように対応することが必要不可欠となります.激しく負荷変動するボイラで,省エネルギ,環境保全や安全運転を維持しながら要求される品質の蒸気を供給するためには,アドバンスト制御,とりわけFF制御を多数駆使しなければなりません.

図11-13にFF制御をボイラに応用した例を示します.ここではボイラ制御の詳細説明は省略しますが,ボイラ制御システムの特徴は蒸気流量が基軸となって燃焼系,給水系,炉内圧系に大きな影響を与えます.そこで,蒸気流量を外乱信号として,燃焼制御系,給水制御系,炉内圧制御系などにFF制御を組み合わせ,蒸気流量変化の影響がそれぞれに現れる前に,先回りして影響を抑制するように構成します.

11.5.8 FF/FB制御のまとめ

以上説明したように,FF制御はFB制御と組み合わせて,FB制御が外乱に弱いという原理的限界をブレークスルーする非常に重要な技術であるといえます.

このFF制御がもっている機能を最大限に生かすためには,次のことがポイントとなります.

(1) 外乱の影響を打ち消すFF制御モデルのゲイン，つまり静特性補償要素Kは量収支，物質収支，熱収支，反応式などの自然法則を用いて徹底的に定量化すること．これは静特性補償の最適化を意味しています．
(2) 外乱の影響を打ち消すための時間調整をして，補償のタイミングを一致させること．一般的に，動特性補償を理論的に求めることはできないために，実際に外乱時定数および制御対象時定数を測定して求めることになります．応答を確認し，必要ならば微調整を行います．これは，動特性補償の最適化を意味しています．

11.5.9 シミュレーションによるFF/FB制御特性の確認

シミュレーションによるFF/FB制御について，次の確認をしてください．
1) FF/FB制御の効果
FF制御なしと最適静特性補償のみと最適静特性補償＋最適動特性補償との比較との比較をします．
2) FF/FB制御におけるFFゲインの影響
動特性補償を最適にしたままで，FFゲインを変化させた場合の影響を確認します．
3) FF/FB制御における動特性補償の影響
静特性補償を最適にしたままで，動特性補償の進み/遅れ時間を変化させた場合の影響を確認します．

11.6　FF/FB制御に不可欠なカスケード制御

11.6.1　一般の制御系の問題点

例として，加熱炉で原料を加熱し，原料の炉出口温度を所定値に制御する場合を用いて説明を進めます．図11-14(a)に，調節計を一つだけ用いるもっとも基本的な加熱炉出口温度制御系の構成を示しま

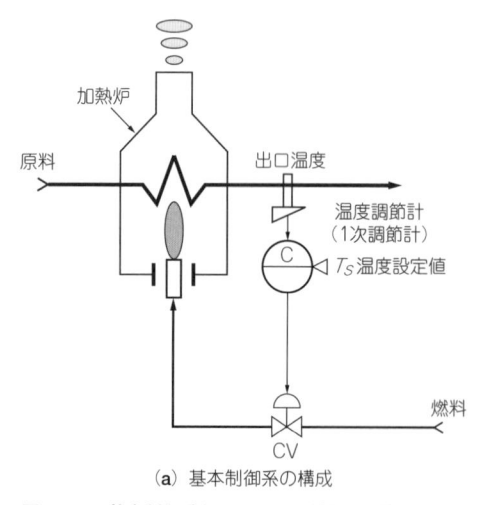

図11-14　基本制御系とカスケード制御系の構成比較

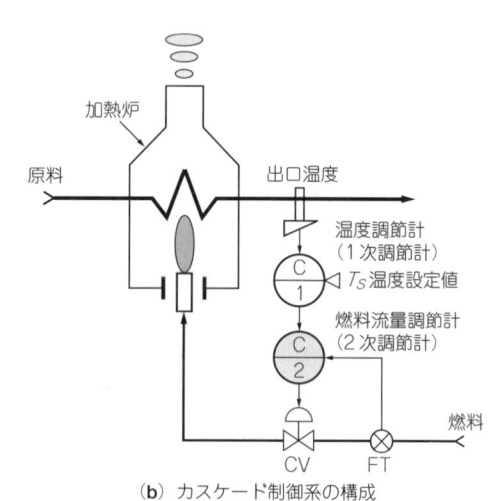

す．温度調節計（C）の出力信号は調節弁に直接印加されており，調節弁の開度を指定することになっています．このような構成の制御系には，次の二つの大きな問題があります．

①燃料供給圧力変化の影響を受けて温度が変化する（一般に燃料はポンプやファンなどで昇圧され，各所で使用されているが，使用量の変動で燃料流量調節弁の1次側圧力が変化する．1次側圧力が変化すると，弁開度が一定であっても燃料流量が変化してしまい，その影響を受けて温度が変動する）

②燃料流量調節弁特性の影響を受けて温度制御性が低下する（弁開度－実燃料流量の関係は一般的に非線形となっている．したがって，弁開度によってプロセス・ゲインが変化して温度制御性が劣化する）

　良質の制御を実現するためには，これらの問題を解消する必要があります．これらの問題を解決するのが，カスケード制御です．

11.6.2　カスケード制御の構成

　一つの制御系（1次制御系）の出力信号によって，ほかの一つまたは複数の制御系（2次制御系）の目標値を支配する方式，つまり信号の流れが1次調節計から2次調節計に向って滝（cascade）のように流れ落ちることから，カスケード制御（cascade control）と呼ばれています．また1次調節計の出力信号が2次調節計に命令して，2次調節計が従属する形になることから，前者はマスタ調節計（master controller），後者はスレーブ調節計（slave controller）とも呼ばれています．図11-14(a)をカスケード制御にしたものを図11-14(b)に示します．炉出口の原料温度を制御する1次調節計（C-1）の出力信号を燃料流量の目標値として燃料流量を制御する2次調節計（C-2）を付加して，カスケード制御にしています．

11.6.3　カスケード制御の目的

　図11-14(b)のような構成にすると，2次調節計のフィードバック制御機能によって，燃料圧力変動による燃料流量変化や燃料流量調節弁の非線形特性の影響を除去できることになります．図11-15に示すカスケード制御系のブロック構成をみると明らかなように，カスケード制御は2次調節計（C-2）で制御された2次制御系（図11-15のG_2）をプロセス特性の一部としてもつ系を1次調節計（C-1）で制御しているのと同等になっています．

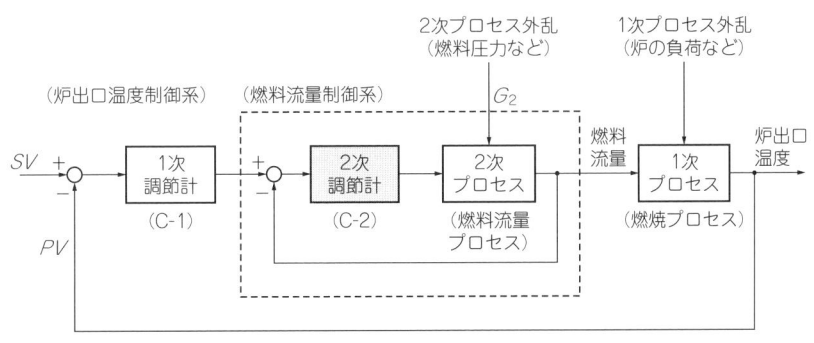

図11-15　カスケード制御系のブロック構成

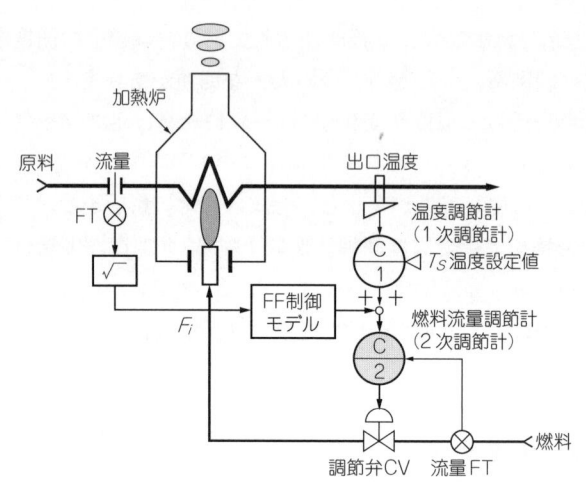

図11-16　加熱炉出口温度 FF/FB 制御系の構成

　要約すると，カスケード制御の目的は2次プロセスに入る外乱を2次調節計(C-2)によって吸収して，1次調節計の指令に対する定量性を確保し，制御目的である1次プロセスのプロセス値(炉出口原料温度)の制御性を向上させることです．
　このカスケード制御の目的から考えると，1次制御系の応答に比べて，2次制御系の応答が速ければ速いほどカスケード制御の効果が大きいことは容易に推測できます．一般には，2次制御系の応答が1次制御系の応答の3倍以上速いことが望ましいとされています．

11.6.4　FF/FB 制御との組み合わせ

　図11-14(b)にFF制御を組み合わせた構成を，図11-16に示します．この制御系は1次プロセスの原料流量を測定して，FF制御モデルに印加し必要な燃料流量を計算し，1次調節計(炉出口原料温度調節計)の出力信号に加算合成し，これを2次調節計(燃料流量調節計)の目標値として燃料流量を制御するように構成されています．
　したがって，FF制御による予測燃料流量指令値と実測燃料流量の正確な定量的一致関係が成立することになって，FF制御機能を有効に発揮させることになります．
　以上説明したことから，カスケード制御の主目的は2次プロセスの外乱の影響を直接抑制することであり，FF制御の主目的は1次プロセスの外乱の影響を直接抑制することであると総括できます．
　このようにカスケード制御はFF/FB制御の基盤となっており，カスケード制御がなければ定量性がなくなり，FF/FB制御のもっている有効な機能をほとんど発揮できなくなるというほど密接不可分の関係にあるといえます．

11.7　FF/FB制御の非混合型プロセスへの応用

11.7.1　プロセスの区分

プロセス制御は「プロセスの中の流量，圧力，レベル，温度，成分などの制御量が希望の値になるように，対象となっているものに持続的に操作を加えること」です．ところが，FB制御中に外乱が入った場合には，制御量が外乱の影響を受けます．その影響を抑制して制御性能を改善するためには，外乱の大きさを検出して，予測して先行制御するFF制御を組み合わせたFF/FB制御を用います．その場合，どのようなプロセスでも，ただ単に同じ機能のFF/FB制御を適用すれば良いかというと，それほど単純なものではありません．

プラントの中の制御対象は「混合型プロセス」(Mixed process)と「非混合型プロセス」(Non-mixed process)に大別され，それぞれに適したFF/FB制御方式を適用しなければなりません．まず，非混合型プロセスに適したFF/FB制御方式について説明します．

11.7.2　非混合プロセスとは？

まず非混合型プロセスとはどのようなもので，どのような特性をもっているかを考えて見ましょう．非混合型プロセスとは，物質や熱量などを混合して制御するプロセスではなく，単にプロセスの入出量のみを制御するものです．非混合型プロセスの代表例として，圧力制御を取り上げ，**図11-17**にイメージを示します．圧力容器を，例えば定員10名の部屋とし，10名在室のときに実測圧力が圧力設定値と一致しているとすれば，1名増えて11名になると圧力が上昇し，1名減って9名になると圧力は低下することになります．この関係は，部屋を通過していく人が1時間あたり100名であろうと，500名であろうと，部屋を通過していく人数に関係なく成立します．

これらのことをまとめると，非混合型プロセスは次の二つの大きな特徴をもっていることがわかります．

(1) プロセスの流入流量F_i＝流出流量F_oのときには，制御量は不変であるが，$F_i>F_o$のときには上昇し，$F_i<F_o$のときには低下する

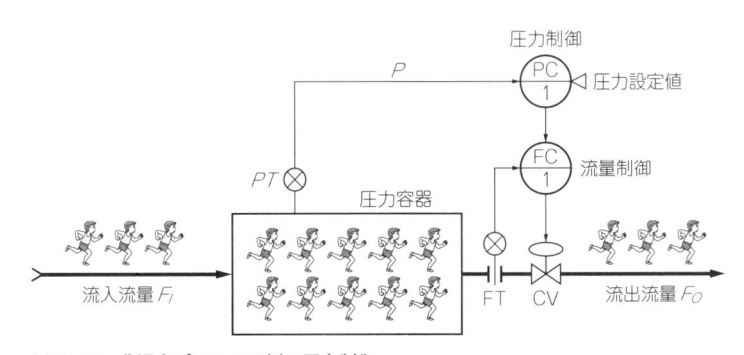

図11-17　非混合プロセスの例：圧力制御

(2) プロセスを通過する流量の大小によってプロセス・ゲインは変わらない

非混合プロセスとしては，圧力制御プロセスおよびレベル制御プロセスが該当します．

11.7.3　非混合型プロセスに適したFF/FB制御方式は？

前述した非混合型プロセスの特徴から考えると，外乱（プロセスを通過する流量）が変化したときの制御量への影響は加法的影響のみであるといえます．このようなプロセスの制御においては，FF制御とFB制御を単に加算組み合わせをする加法結合形FF/FB制御方式が適していることになります．

11.7.4　FF/FB制御方式の非混合型プロセスへの応用

以上の検討結果を用いて，FF/FB制御の非混合型プロセスへの代表的な応用例として，図11-18に示すボイラのドラム・レベル制御を取り上げて説明します．蒸気消費量の多少にかかわらずドラム・レベルは一定値に維持する必要があり，そのためにはFF制御が不可欠です．さらにドラム・レベルには蒸気消費量が急変したときに，一時的に逆方向の応答をする「逆応答」という特異現象が発生します．この特異現象が制御に及ぼす影響を抑制して安定なドラム・レベル制御を実現することにも，FF制御が大きな役割を果たします．

図11-18に示すようにボイラ・ドラムから送り出される蒸気流量F_sとボイラ・ドラムに供給される給水流量F_wが等しくなるようにFF制御モデルを決定し，その出力信号FF_nにドラム・レベル制御出力信号FB_nを加算合成して得たf_{ws}を給水流量の目標値として給水流量を制御するようにカスケード制御の構成としています．

ここで図11-18の機能ブロック構成と表11-3の諸元を用いてドラム・レベル制御式，つまりドラム・レベルを目標値に維持するためには，給水流量設定値信号f_sをどのような値にすれば良いかを導いてみましょう．

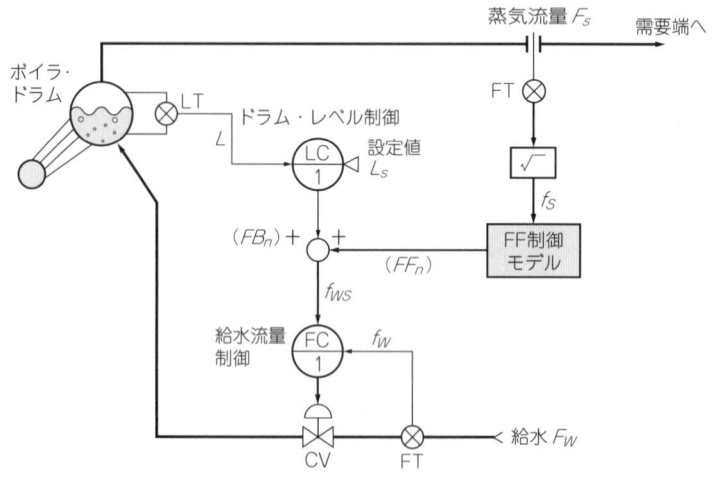

図11-18　ボイラのドラム・レベル制御

表11-3 ドラム・レベル制御関係のプロセス値の諸元

項目	単位 (工業単位)	現在値 (工業単位)	現在値 [%]	測定範囲 (工業単位)
蒸気流量		F_s (ton/h)	f_s	$0 \sim F_{s(MAX)}$
給水流量		F_w (ton/h)	f_w	$0 \sim F_{w(MAX)}$
ドラムレベル制御出力		F_{LC} (ton/h)	f_{LC}	$0 \sim F_{s(MAX)}$
給水流量設定値		F_{ws} (ton/h)	f_{ws}	$0 \sim F_{w(MAX)}$

まず要求給水流量 F_D を求めると，(11-8)式となります．

要求給水流量 F_D ＝蒸気流量 F_s ＋ドラム・レベル制御出力による修正流量 F_{LC}

$$= f_s \times F_{s(MAX)} + f_{LC} \times F_{s(MAX)}$$
$$= F_{s(MAX)}(f_s + f_{LC}) \quad \cdots\cdots\cdots\cdots\cdots\cdots\cdots\cdots\cdots\cdots\cdots (11\text{-}8)$$

次に，給水流量設定値 F_{ws} を求めると，(11-9)式となります．

$$給水流量設定値 F_{ws} = f_{ws} \times F_{w(MAX)} \quad \cdots\cdots\cdots\cdots\cdots\cdots\cdots\cdots\cdots\cdots\cdots (11\text{-}9)$$

ここで，量の収支バランスから，$F_D = F_{ws}$ の関係となり，(11-8)式，(11-9)式を用いて給水流量設定値 f_{ws} を求めると，(11-10)式となります．

$$f_{ws} = \underbrace{\frac{K \times f_s}{}}_{(\text{FF制御出力})} + \underbrace{\frac{K \times f_{LC}}{}}_{(\text{FB制御出力})} \quad \cdots\cdots\cdots\cdots\cdots\cdots\cdots\cdots\cdots (11\text{-}10)$$

ここで，$K = F_{s(MAX)} / F_{w(MAX)}$

この(11-10)式の給水流量設定値信号 f_{ws} のFF制御出力部分からFF制御モデル $F(s)$ を求めると，(11-11)式となります．

$$F(s) = (f_{ws}のFF制御出力部分)/(f_s) = K \quad \cdots\cdots\cdots\cdots\cdots\cdots\cdots\cdots\cdots (11\text{-}11)$$

この(11-11)式のFF制御モデル $F(s)$ は静的補償のみです．これに動的1次補償を付加すると，FF制御モデル $F(s)$ は(11-12)式となります．

$$F(s) = K \frac{1 + T_p \cdot s}{1 + T_D \cdot s}$$
$$= K \left\{ 1 + \left\{ \frac{1 + T_p \cdot s}{1 + T_D \cdot s} - 1 \right\} \right\} \quad \cdots\cdots\cdots\cdots\cdots\cdots\cdots\cdots\cdots (11\text{-}12)$$

ここで，T_p：プロセス時定数(給水流量設定信号－ドラムレベル間の時定数)

T_D：外乱時定数(蒸気流量－ドラムレベル間の時定数)

(11-10)式と(11-12)式からドラム・レベル制御式，つまり給水流量設定信号 f_{ws} は(11-13)式となります．

$$f_{ws} = \underbrace{K \frac{1 + T_p \cdot s}{1 + T_D \cdot s} \times f_s}_{(\text{FF制御出力})} + \underbrace{K \times f_{LC}}_{(\text{FB制御出力})} \quad \cdots\cdots\cdots\cdots\cdots\cdots\cdots\cdots\cdots (11\text{-}13)$$

(11-13)式を見ると，ドラム・レベル制御式はFF制御とFB制御とが単純に加算組み合わせされた関係となっています．これはドラム・レベル・プロセスが非混合プロセスであり，加算結合形FF/FB制

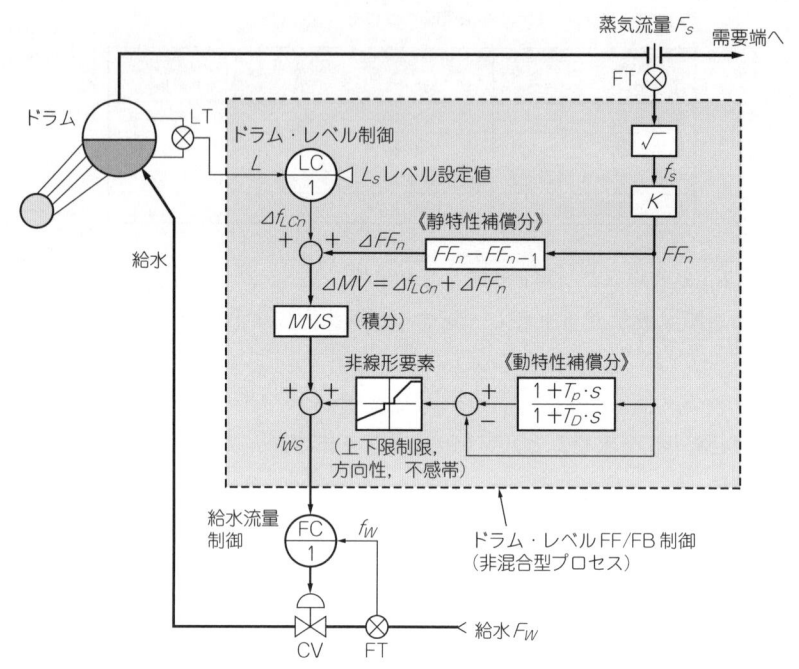

図11-19 ドラム・レベルFF/FB制御系の具体的機能ブロック構成

御方式を適用すれば良いことになります．

11.7.5 具体的な機能ブロック構成

この(11-13)式の機能を11.5.5で説明した分離形FF/FB制御方式を用いて構成したドラム・レベルFF/FB制御系の具体的な機能ブロック構成は，**図11-19**のようになります．

一次制御系のドラム・レベルFF/FB制御系の出力信号を，二次制御系の給水流量制御系の目標値として与えるカスケード制御系を構成しています．(11-13)式を見ると，FF制御ゲイン K がFB制御出力にもFB制御出力にも掛かっていますが，**図11-19**ではFB制御出力側のみ省略しています．その理由は，ドラム・レベル制御の場合には，蒸気流量の測定レンジと給水流量の測定レンジが一般的に等しいので $K=1$ となり，省略しても実際上まったく支障がないので，複雑になるのを避けるために省略しています．一方，FF制御出力側のKは蒸気流量発信器と給水流量発信器の器差補正係数として使用します．

11.8　FF/FB制御の混合型プロセスへの応用

前項では，FF/FB制御の非混合プロセスへの応用について述べ，FF制御とFB制御を単純に加算組み合わせした加法結合形FF/FB制御方式が適していることを説明しました．

ここでは,「混合型プロセス」(Mixed process)について述べ,この制御にはどのようなFF/FB制御方式が適するかを追究します.

11.8.1 混合プロセスとは？

まず,混合型プロセスとはどのようなもので,どのような特性をもっているかを考えてみましょう.混合型プロセスとは,物質あるいは熱量を直接または間接的に混合して所定の濃度あるいは温度を得るプロセス,つまり量そのものではなく,質を制御する質的制御プロセスのことを指しています.この混合型プロセスが具体的にどのようなもので,どのような特性をもっているか調べてみましょう.

混合型プロセスの代表例として,流体を直接混合して濃度制御をするケースを取り上げ,**図11-20**に基本的イメージを示します.濃度X_Aの流体Aに流体Bを直接混合して得られる流体Cの濃度を目標値X_sに制御しようとする系です.この具体的な動きをわかりやすいように身近な例を用いて説明します.満腹度(X_A)の人々(流体A)が1時間あたりの通過人数F_A(人/h)ずつ,レストランMに入っておにぎりの供給を受けて食べ満腹度$X_s(>X_A)$になるようにおにぎりの供給量(FB)を調節するケースにたとえて説明します.このプロセスの特徴の一つは,「通過人数F_A(人/h)」×「満腹度差」(X_s-X_A)で決まる要求おにぎり個数と供給おにぎり個数が一致しているときには,制御量は不変であるということです.もう一つの特徴は,満腹度の偏差($E=X_s-X_C$)が出て,一人あたりおにぎり1個分が不足している場合に,通過人数F_Aが100人/hのときには,おにぎり供給量を100個/hを供給すれば良いが,通過人数F_Aが200人/hのときはおにぎり供給量200個/hを供給しなければないことです.つまり,同じ偏差であっても,通過人数F_Aに比例してFB制御出力の評価を変えなければならないという特性をもっています.

以上の知見をまとめると,混合型プロセスは次に示す二つの大きな特徴をもっていることになります.
①プロセスからの物質(あるいは熱量)の総もち出し量(Q_i)=プロセスへの総供給量(Q_o)のときには制御量は不変である.$Q_o>Q_i$のときには制御量は低下し,$Q_o<Q_i$のときには上昇する.
②プロセスを通過する流量(負荷)の大きさに逆比例してプロセス・ゲインが変化する.

混合型プロセスに該当するものは,流体加熱炉出口温度制御,鋼板板温制御,湿度制御および各種濃

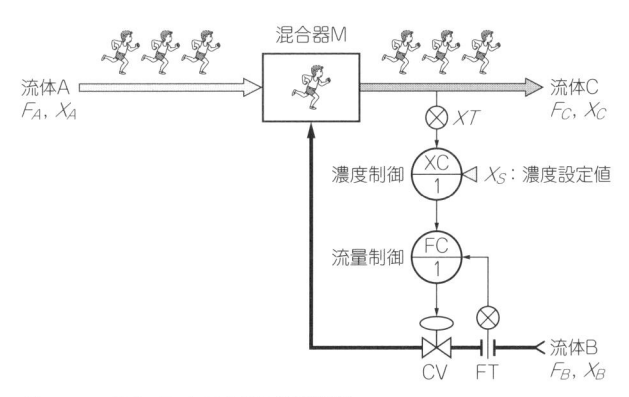

図11-20 混合プロセスの例：濃度制御

度制御など，多くあります．

11.8.2　混合型プロセスに適したFF/FB制御方式は？

前述した混合型プロセスの特徴から考えると，外乱（プロセスを通過する流量）の大きさが変化したときのプロセス・ゲインが変化することから，FF制御とFB制御の組合せは単に加算組み合わせのみでは処理できません．そこで実際の例を用いて，適するFF制御とFB制御の組み合わせ方法を導き出します．

11.8.3　FF/FB制御方式の混合型プロセスへの応用

ここでは混合型プロセスの中で，熱量を間接的に混合して加熱炉出口の流体温度を制御するケースを取り上げ，混合型プロセスに適したFF制御とFB制御の組み合わせ方法を導き出します．

図11-21に加熱炉出口温度FF/FB制御系の基本機能構成を示します．基本的には，原料流量F_i，炉入口原料温度T_i，および炉出口原料温度T_oを検出し，これらに基づいて炉出口原料温度を設定値T_sに加熱するために必要な熱量をFF制御モデルで計算します．その出力をFF制御信号とし，燃料流量を制御して，加熱炉への入熱量を調節します．その結果，炉出口原料温度T_oが設定値T_sからズレると，加熱炉出口温度調節計（TC-1）で偏差がゼロになるようにFB制御し，そのFB制御出力を前記FF制御信号と組み合わせるように構成しています．

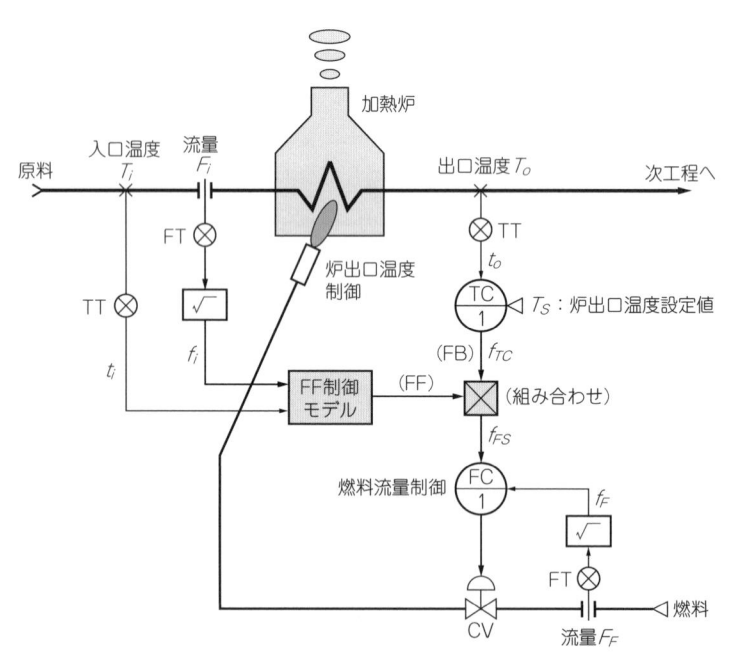

図11-21　加熱炉出口温度FF/FB制御系の基本機能構成

表11-4 加熱炉出口温度制御関係のプロセス値の諸元

項目	単位 (工業単位)	現在値 [%]	測定範囲 (工業単位)
炉入口原料温度	T_i (℃)	t_i	$0 \sim T_{o(MAX)}$
炉出口原料温度	T_o (℃)	t_o	$0 \sim T_{o(MAX)}$
炉出口設定温度	T_s (℃)	t_s	$0 \sim T_{o(MAX)}$
温度制御出力	T_c (℃)	t_c	$0 \sim T_{o(MAX)}$
原料流量	F_i (m³/h)	f_i	$0 \sim F_{i(MAX)}$
燃料流量	F_F (kg/h)	f_F	$0 \sim F_{F(MAX)}$
燃料流量設定値	F_{FS} (kg/h)	f_{FS}	$0 \sim F_{F(MAX)}$

ρ：原料比重(kg/m)　　η：加熱炉効率
C_i：原料比熱(kj/kg・℃)　　C_F：燃料単位発熱量(kj/kg)

11.8.4 加熱炉出口温度制御式の導出

加熱炉出口温度制御式を導き出すために使用するプロセス値の諸元を**表11-4**に示します．

原料温度を炉入口温度 T_i から炉出口温度設定値 T_s に加熱するために投入すべき熱量 Q_D は(11-14)式となります．ここでのポイントは，温度制御(TC-1)の出力が温度差の関数であるということです．

Q_D = 原料流量×比重×比熱×[加熱すべき温度差＋温度制御(TC-1)の出力]

$\quad = F_i \times \rho \times C_i \times \{(T_s - T_i) + T_c\}$

$\quad = \rho \times C_i \times f_i \times F_{i(MAX)} \times (t_s - t_i + t_c) \times T_{o(MAX)}$ ……………………(11-14)

燃料流量設定値 F_{FS} による投入熱量 Q_F を炉出側に換算した値を Q_i とすると，(11-15)式となります．

Q_i = 加熱炉効率 η ×燃料流量設定値 F_{FS} による投入熱量 Q_F

$\quad = \eta \times Q_F$

$\quad = \eta \times f_{FS} \times F_{F(MAX)} \times C_F$ ……………………………………………(11-15)

ここで，熱収支バランスから $Q_D = Q_i$ の関係となり，(11-14)式，(11-15)式を用いて燃料流量設定信号 f_{FS} を求めると，(11-16)式を得ます．

$f_{FS} = \underbrace{\dfrac{K \times (t_s - t_i) \times f_i}{\text{(FF 制御出力)}}} + \underbrace{\dfrac{K \times f_i \times t_c}{\text{(FB 制御出力)}}}$ ……………………(11-16)

ここで，

$K = \dfrac{\rho \times C_i \times F_{i(MAX)} \times T_{o(MAX)}}{\eta \times F_{F(MAX)} \times C_F}$

この(11-16)式で示す炉出口温度制御式のFF制御出力部分からFF制御モデル $F(s)$ を求めると，(11-17)式になります．

$F(s) = (f_{FS} \text{のFF制御部分})/(f_i) = K \times (t_s - t_i)$ ……………………………(11-17)

この(11-17)式のFF制御モデル $F(s)$ は静的補償のみです．これに動的1次補償を付加すると，FF制御モデル $F(s)$ は(11-18)式になります．

$$F(s) = K(t_s - t_i)\frac{1 + T_p \cdot s}{1 + T_D \cdot s}$$

$$= K(t_s - t_i)\left[1 + \left\{\frac{1 + T_p \cdot s}{1 + T_D \cdot s} - 1\right\}\right] \quad \cdots\cdots\cdots (11\text{-}18)$$

ここで，T_p：プロセス時定数(燃料流量設定信号－炉出口温度間の時定数)

T_D：外乱時定数(原料流量－炉出口温度間の時定数)

(11-10)式と(11-12)式から加熱炉出口温度制御式，つまり燃料流量設定信号 f_{FS} は最終的には(11-19)式となります．

$$f_{FS} = \underbrace{K(t_s - t_i)\frac{1 + T_p \cdot s}{1 + T_D \cdot s} \times f_i}_{(\text{FF 制御出力})} + \underbrace{K \times f_i \times t_c}_{(\text{FB 制御出力})} \quad \cdots\cdots (11\text{-}19)$$

(11-19)式を見ると，加熱炉出口温度制御式はFF制御とFB制御とが単純に加算組み合わせされた関係ではなく，外乱(負荷)信号の原料流量信号 f_i と加熱炉出口温度制御信号 t_c とが乗算結合になっているという重要な知見を読み取ることができます．つまり，負荷の大きさに比例して炉出口温度制御出力の評価を変更しなければならないことを示しています．これは，加熱炉出口温度制御系のような混合プロセスの場合には，加算結合形FF/FB制御方式に負荷の大きさに比例してFB制御のゲインを変更する機能を付加した「ゲイン・スケジューリング形FF/FB制御方式」を適用することが必要であることを示しています．

11.8.5　具体的機能ブロック構成

この(11-19)式の炉出口温度制御式を11.5.5項で説明した分離形FF/FB制御方式にゲイン・スケジューリング機能を付加したゲイン・スケジューリング形FF/FB制御方式を用いて構成した炉出口温度FF/FB制御系の具体的な機能ブロック構成は，図11-22のようになります．

一次制御系の炉出口温度FF/FB制御系の出力信号を，二次制御系の燃料流量制御系の目標値として与えるカスケード制御系を構成しています．FF制御出力は熱量となっているので，FB制御出力も熱量になる必要があります．ここで重要なのは，図11-22に示すように炉出口温度制御(TC-1)の出力は温度偏差の関数で，これに負荷(原料流量)信号を乗ずれば熱量になるということです．このことは，混合プロセスの制御にゲイン・スケジューリング形FF/FB制御方式を適用することがディメンションの視点から見ても適正であることを示しています．

ゲイン・スケジューリング機能にH/L Limit(上下限制限)をかけているのは，原料流量検出器が異常になったときに，異常なゲイン修正による暴走を防止する安全対策のためです．加熱炉効率 η は一定とみなして，FFゲイン K の中に含めていますが，原料流量の大きさによって加熱炉効率 η が大きく変化する場合には，原料流量信号 f_i の関数として取り扱い，折線近似などして取り扱います．

FFゲイン K は(11-16)式で計算して設定します．通常は $K = 0.6 \sim 0.9$ 程度です．時定数 T_p，T_D は計算では求めることができないため，ステップ応答データから求めて設定し，微調整することになります．

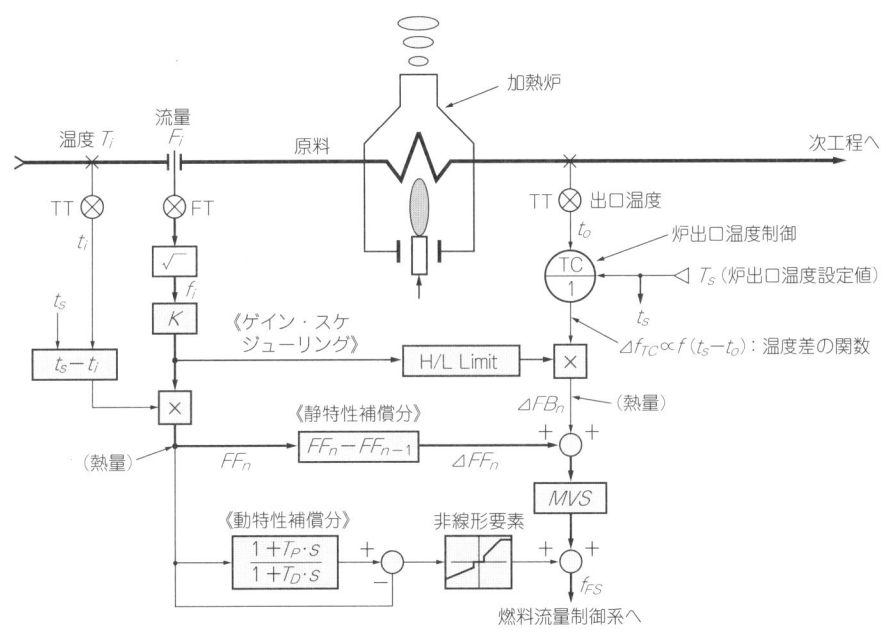

図11-22 加熱炉温度FF/FB制御系の具体的な機能ブロック構成

11.8.6 ゲイン・スケジューリング形FF/FB制御方式の基本機能構成

11.5.5項で説明した**図11-10**に示す分離形ディジタルFF/FB制御方式の構成にゲイン・スケジューリング機能を付加したゲイン・スケジューリング形FF/FB制御方式の基本機能ブロック構成を**図11-23**

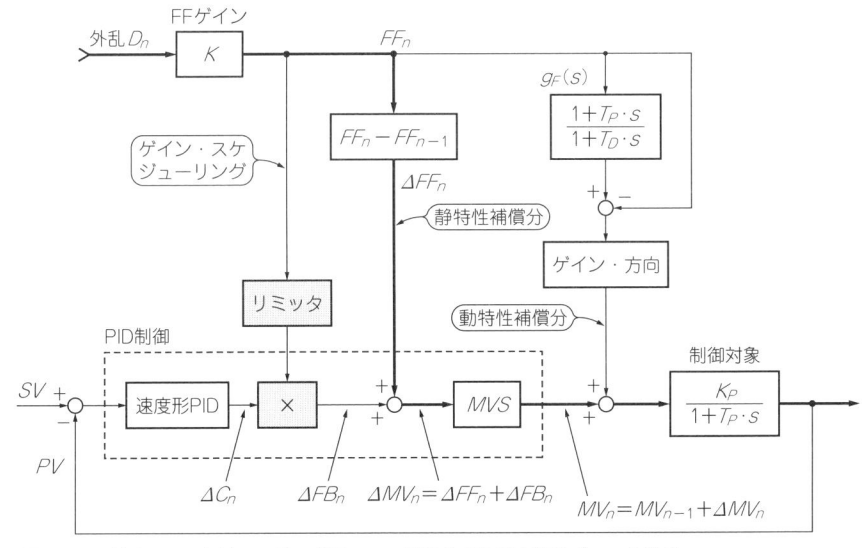

図11-23 ゲイン・スケジューリング形FF/FB制御方式の基本機能ブロック構成

11.8 FF/FB制御の混合型プロセスへの応用

に示します．

　近年，各種の規制緩和が進展して，企業は定量生産から需要変動に合わせて生産する本格的フレキシブル・プロダクション（変量生産）時代に入っています．変量生産の場合には，プラントの生産量，つまり負荷が大きく変化するため，このゲイン・スケジューリング形FF/FB制御方式が威力を発揮することになります．また，プラントの自動スタートアップならびに自動クローズダウンをして超自動化を指向するケースでも，負荷がゼロから最高負荷まで連続的に変化するので，負荷の大きさに対応して自動的にゲイン修正をする機能をもつゲイン・スケジューリング形FF/FB制御方式が必要不可欠なものとなります．

　各種混合プロセスの温度制御系や濃度制御系を構築する場合には，11.8.4項の手法を参考にしながらそれぞれの制御量制御式を導き出し，それに基づいて**図11-23**の基本機能ブロック構成をベースにして個別に適した制御系を実現されることを推奨します．

付録　本書付属シミュレータの説明[注1]

1．動作環境とインストールに関して

1.1　動作環境

・対応OS：Windows2000 Professional，Windows XP（32bit版），Windows Vista（32bit版）[注2]，Windows 7（32bit版）[注2]，Windows 10[注2]
・CPU：PentiumIII 800MHz相当以上を推奨
・メモリ：RAM128Mバイト以上
・ハード・ディスク：30Mバイト以上の空き
・グラフィック：1024×768ドット以上，High Color（16ビット）以上

注1：同様の内容をシミュレータのヘルプで見ることができる．
注2：ハードコピー機能は使用できない．
注3：OSとブラウザのバージョンにより，後述のヘルプポインタのジャンプ機能が使えない場合がある．

1.2 インストールについて

シミュレータのインストールについては付属CD-ROM起動時に表示されるindex.htmlに詳細が記されているので，よくお読みになり，インストールしてください．なお，Windows2000やWindowsXPなどでは，プログラムのインストール権限のあるユーザーからインストールする必要があります．

なおCD-ROM挿入時にindex.htmlが自動起動しない場合は，CD-ROMのindex.htmlをダブルクリックしてください．

2. シミュレーション・プログラムの起動準備

2.1 ビットマップ表示プログラムの関連づけ

このシミュレーション・プログラムには，画面のハードコピーをとる機能があります．画面のハードコピーはビットマップ・ファイルとして保存されます．

保存したビットマップ画像は，「Wlindowsのプログラムの関連付け」機能で，拡張子BMPを「Microsoft Paint」または「イメージング」に設定しておくと，プログラムのツールバーから直接表示させることができます．

「ビットマップ表示プログラムの関連づけ」を変更する場合は，以下の手順で行ってください．

「エクスプローラ」→「ツール」→「フォルダオプション」で以下の画面が表示されます．「変更」で関連づけするプログラムを指定します．

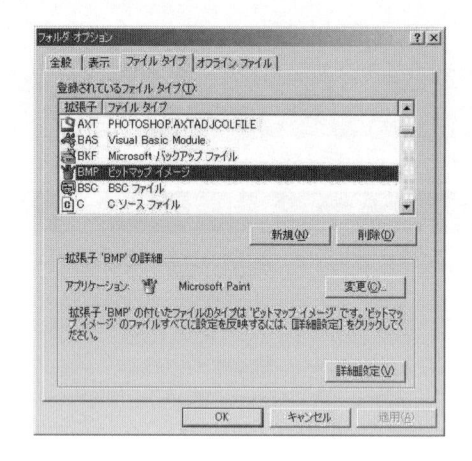

2.2 通常使うプリンタの設定

このシミュレーション・プログラムには，画面のハードコピーをとりプリンタに印刷する機能があります．「通常使うプリンタ」に設定されているプリンタに印刷されるので，印刷を行う場合はこの設定を行ってください．

3. シミュレーション・プログラムの起動

シミュレーション・プログラムのインストールが完了すると，以下のようにスタートプログラムに追

加されます．

「シミュレーションで学ぶ自動制御技術入門」をクリックすると，プログラムが起動します．

4．メイン画面の操作説明

シミュレーション・プログラムを起動すると以下のようなメイン画面が表示されます．

この画面は，シミュレータのブロック・ダイアグラムを表示するとともに演算に使用するパラメータを表示・設定する画面です．またコントローラ・パネルの呼び出しなどを行うメニュー画面となります．

ヘルプポインタ？をクリックすると，該当部分のヘルプが表示されます．また，このヘルプポインタは，メニューバーより表示・非表示の切り替えができます（OSとブラウザのバージョンによりヘルプポインタのジャンプ機能が使えない場合もある）．

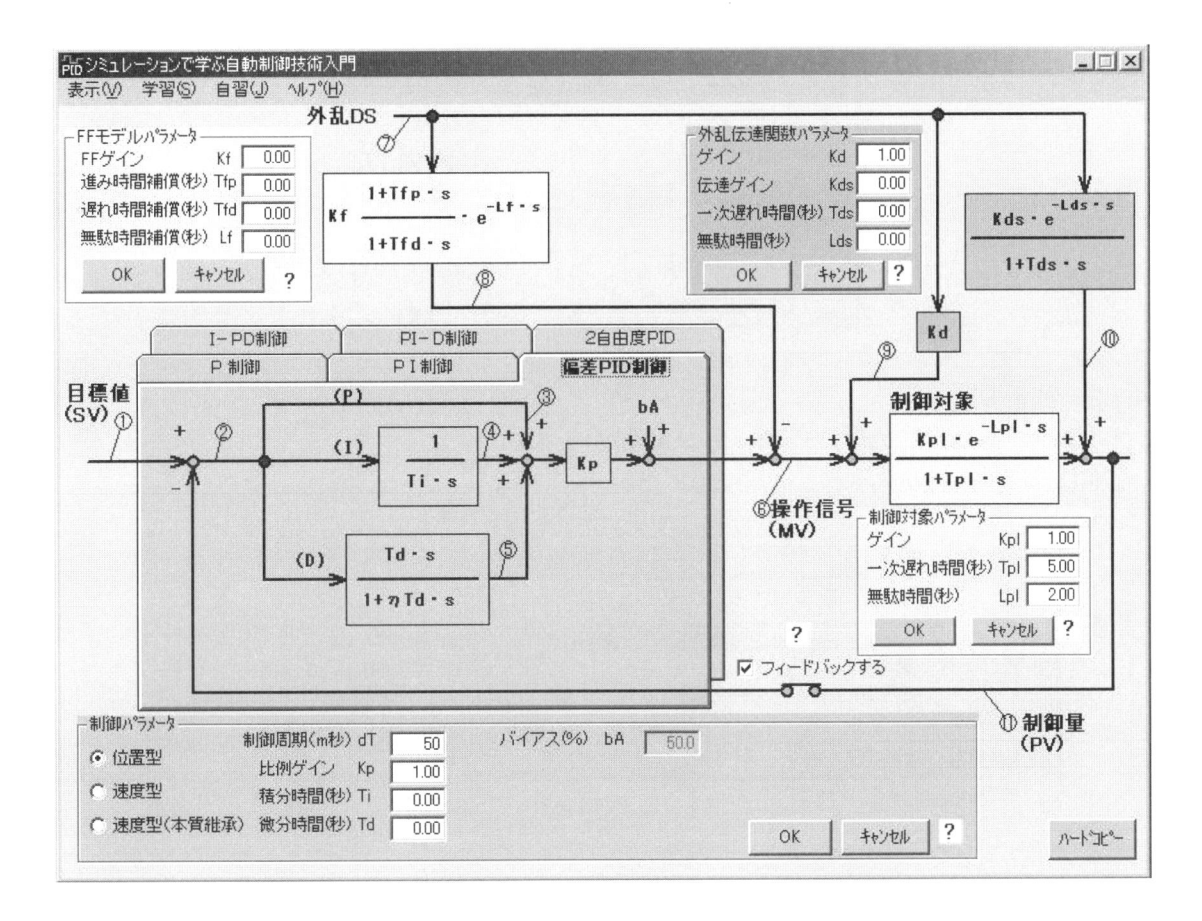

4.1 メニューバー

シミュレーション・プログラム画面上部には，以下のようなメニューバーがあります．

それぞれのタイトルをクリックするか，Altキーとタイトル右のアルファベットをキー入力することで，以下のようなメニューが表示されます．

4.1.1 表示(V)

・コントローラパネル：コントローラパネルを表示します．
・SV折線，DV折線：SV折線，DV折線設定画面を表示します．
・ペン・レコーダ：ペン・レコーダ画面を表示します．
・パラメータ初期化：パラメータをデフォルト値に初期化します．
・ハードコピー画像：ハードコピーしたビットマップ・ファイルの選択画面を表示します．

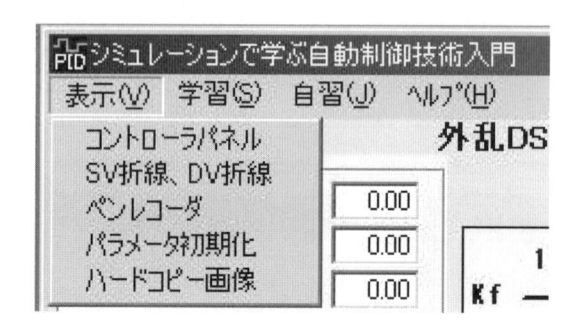

4.1.2 学習(S)

本文テキストに対応した学習シミュレーションが行えます．
詳細は，「9. 学習機能の操作説明」をご覧ください．

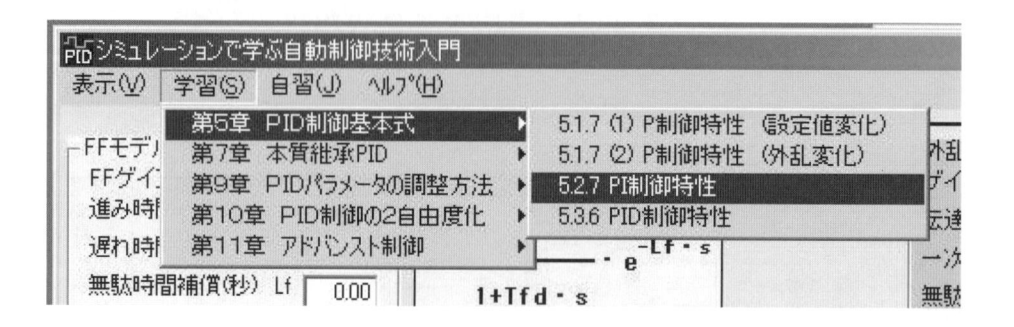

4.1.3 自習(J)

自分で試したシミュレーションをプロジェクトとして保存する機能です．
プロジェクトの目的やコメントを任意に入力できるほか，デフォルト値から変更したパラメータ値を

記憶するので，後から何度でもシミュレーションを再現できます．

詳細は，「10．自習機能の操作説明」をご覧ください．

4.1.4 ヘルプ（H）

・ヘルプ：このドキュメントを表示します．

・ヘルプポインタの表示・非表示：ヘルプポインタ？の表示・非表示を切り替えられます．

ヘルプポインタを押せば，該当のヘルプ画面にジャンプします．

注意：OSによりジャンプしない場合は，下図のようにアドレスの最後にカーソルを移動しEnterキーを押せばジャンプします．

・バージョン情報：バージョン情報画面を表示します．

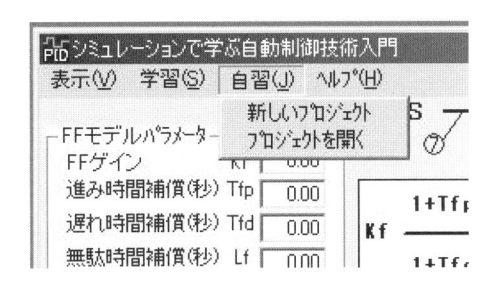

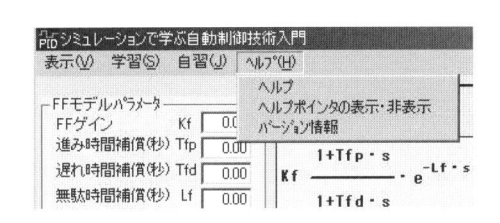

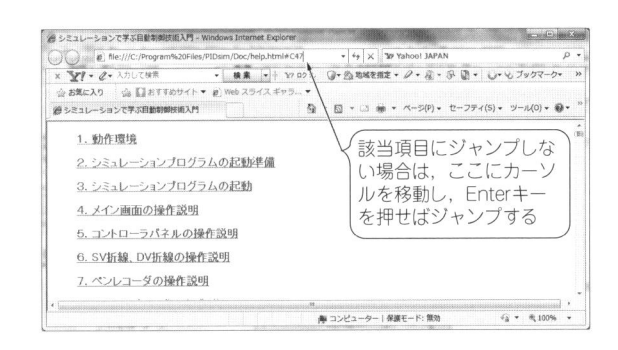

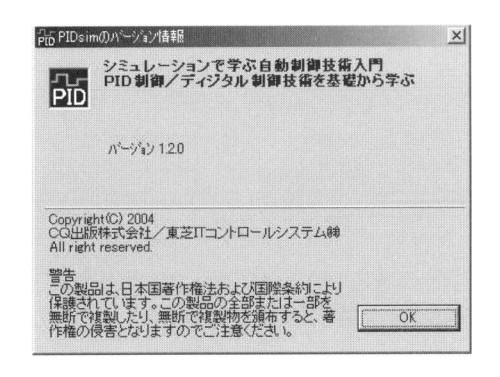

4.2 制御タイプ

このシミュレーションは，制御タイプのタブを選択することにより6種類の制御タイプを選択できます．

4．メイン画面の操作説明

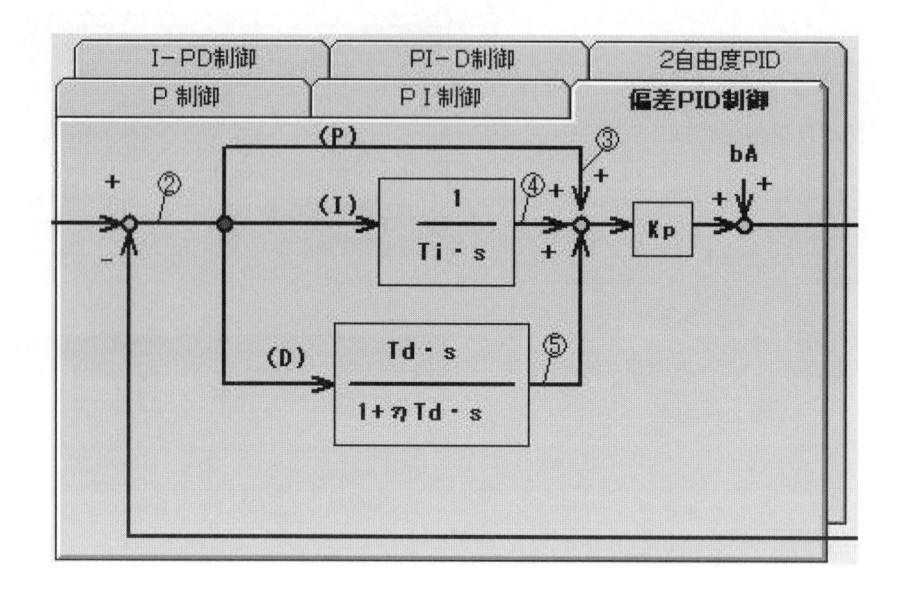

それぞれの違いについては，本文の以下の項目をご覧ください．

    6.5　偏差PID制御から実用形態への工夫

4.3　フィードバックする

チェックマークをはずすと，フィードバック制御を行わずオープンループとすることができます．操作出力をマニュアルモードで変化させて，制御対象の応答だけを見る場合などに使用します．

4.4　制御パラメータ

制御パラメータは，以下のものがあります(制御タイプにより設定できないものは表示されない)．

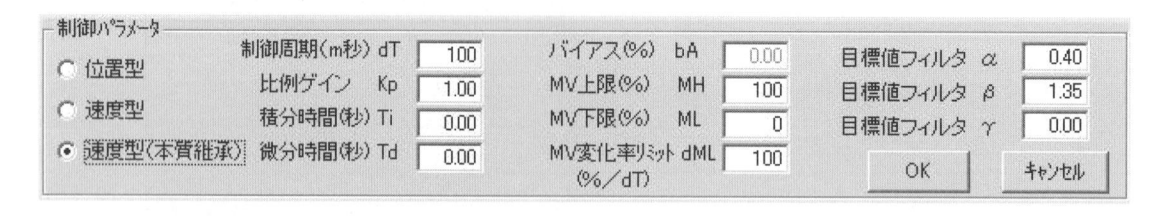

4.4.1　位置型/速度型/速度型(本質継承)

オプション・ボタンにより，位置型/速度型/速度型(本質継承)のいずれかの演算方法を選択できます．

それぞれの違いについては，本文の以下の項目をご覧ください．

7.2.2 位置型演算と速度型演算
7.3 本質継承・速度型ディジタルPID制御演算方式

4.4.2 制御パラメータ・制限パラメータ・目標値フィルタ

テキスト・ボックスに数値を入力し,「OK」ボタンを押すと設定範囲をチェックして値が反映されます.「キャンセル」を押すと入力前のデータに戻ります.

それぞれの項目の説明は,以下のとおりです.

● 制御パラメータ グループ
・制御周期(m秒) dT (設定範囲:20～2000)
制御演算を行う周期を設定します.
CPUの能力により指定の周期で演算が完了しない場合もあります.この場合実際の時間よりも時間が余計にかかりますがグラフの表示の形には問題はありません.
・比例ゲイン Kp (設定範囲:0.00～10.00)
制御演算の比例ゲインを設定します.
・積分時間(秒) Ti (設定範囲:0.00～60.00)
制御演算の積分時間を設定します.
・微分時間(秒) Td (設定範囲:0.00～10.00)
制御演算の微分時間を設定します.
・バイアス(%) ba
位置型演算を行う時のバイアス値を表示します.値は自動的に演算され,設定することはできません.

● 制限パラメータ グループ
・MV上限(%) MH (設定範囲:0～100)
速度型/速度型(本質継承)の場合の操作信号MVの上限値を設定します.
・MV下限(%) ML (設定範囲:0～100)
速度型/速度型(本質継承)の場合の操作信号MVの下限値を設定します.
・MV変化率リミット(%/dT) dML (設定範囲:0～100)
速度型/速度型(本質継承)の場合の制御周期ごとの操作信号MVの変化率制限値を設定します.

● 目標値フィルタ グループ
・目標値フィルタ α (設定範囲:0.00～1.00)
2自由度PIDの目標値フィルタαを設定します.
・目標値フィルタ β (設定範囲:1.00～2.00)
2自由度PIDの目標値フィルタβを設定します.
・目標値フィルタ γ (設定範囲:0.00～2.00)
2自由度PIDの目標値フィルタγを設定します.

4.5 制御対象パラメータ

制御対象の特性を設定するパラメータです．

・制御対象ゲイン Kpl（設定範囲：0.01～10.00）

・制御対象一次遅れ（秒）Tpl（設定範囲：0.00～60.00）

・制御対象無駄時間（秒）Lpl（設定範囲：0～200×dT[ms]/1000）dT：制御周期（ms）

テキスト・ボックスに数値を入力し，「OK」ボタンを押すと設定範囲をチェックして値が反映されます．「キャンセル」を押すと入力前のデータに戻ります．

制御対象パラメータ
ゲイン　　　　　　Kpl　1.00
一次遅れ時間(秒)　Tpl　5.00
無駄時間(秒)　　　Lpl　2.00

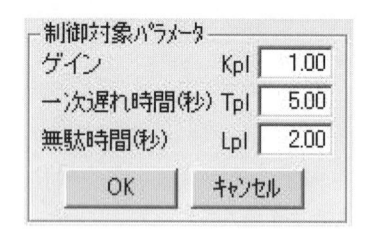

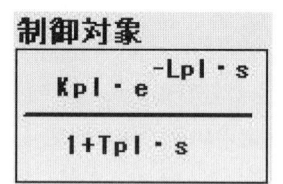

制御対象

$$\frac{Kpl \cdot e^{-Lpl \cdot s}}{1 + Tpl \cdot s}$$

4.6 外乱伝達関数パラメータ

外乱の特性を設定するパラメータです．

Kdは，制御対象の前に外乱が入る場合のゲインです．それ以外は，制御対象の後に外乱が入る場合のパラメータです．

・ゲイン Kd（設定範囲：0.00～10.00）

・伝達ゲイン Kds（設定範囲：0.00～10.00）

・一次遅れ時間（秒）Tds（設定範囲：0.00～60.00）

・無駄時間（秒）Lds（設定範囲：0～200×dT[ms]/1000）dT：制御周期（ms）

テキスト・ボックスに数値を入力し，「OK」ボタンを押すと設定範囲をチェックして値が反映されます．「キャンセル」を押すと入力前のデータに戻ります．

外乱伝達関数パラメータ
ゲイン　　　　　　Kd　 1.00
伝達ゲイン　　　　Kds　0.00
一次遅れ時間(秒)　Tds　0.00
無駄時間(秒)　　　Lds　0.00

Kd

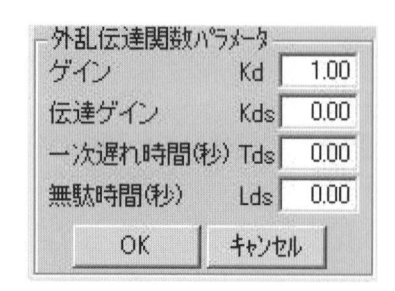

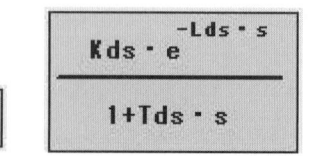

$$\frac{Kds \cdot e^{-Lds \cdot s}}{1 + Tds \cdot s}$$

4.7 FFモデル・パラメータ

フィードフォワードの特性を設定するパラメータです．

・FFゲイン Kf（設定範囲：0.00～10.00）

・遅れ時間補償(秒) Tfd （設定範囲：0.00～60.00）
・進み時間補償(秒) Tfp （設定範囲：0.00～60.00）
・無駄時間補償(秒) Lf　（設定範囲：0～200×dT[ms]/1000）　dT：制御周期（ms）

テキスト・ボックスに数値を入力し，「OK」ボタンを押すと設定範囲をチェックして値が反映されます．「キャンセル」を押すと入力前のデータに戻ります．

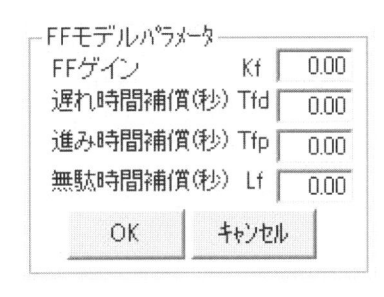

$$Kf \frac{1+Tfp \cdot s}{1+Tfd \cdot s} \cdot e^{-Lf \cdot s}$$

4.8　ハードコピー

現在の画面をコピーし，ビットマップ・ファイルを作ります．

注：Windows Vista，Windows 7，Windows 10では
　　ハードコピー機能は使用できません．

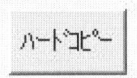

保存ファイル名は，年月日時分秒　YYMMDDHHMMSS.BMP　となります．
Windowsの「通常使うプリンタ」で印刷することもできます．

5．コントローラ・パネルの操作説明

　コントローラ・パネル　呼出操作で，以下のような画面が表示されます．この画面は，四隅のいずれかをマウス・ドラッグすることで画面のサイズを変えることができます．

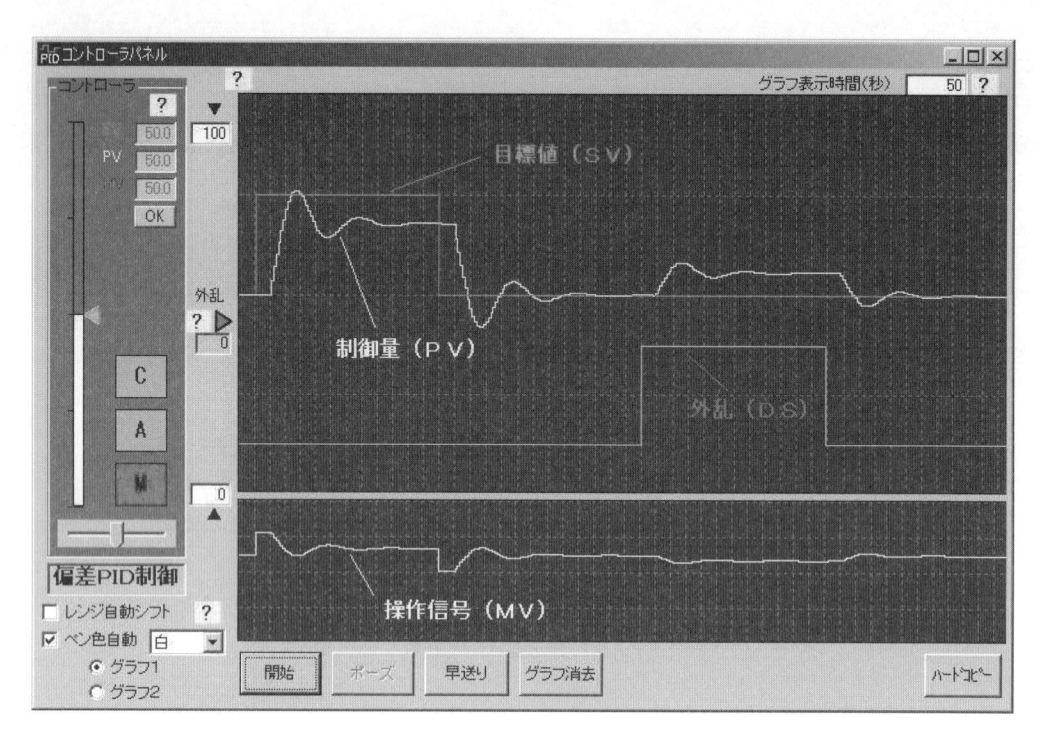

（PIDコントローラパネルの画面図。目標値（SV）、制御量（PV）、外乱（DS）、操作信号（MV）が表示されている）

5.1 コントローラ・パネルの操作

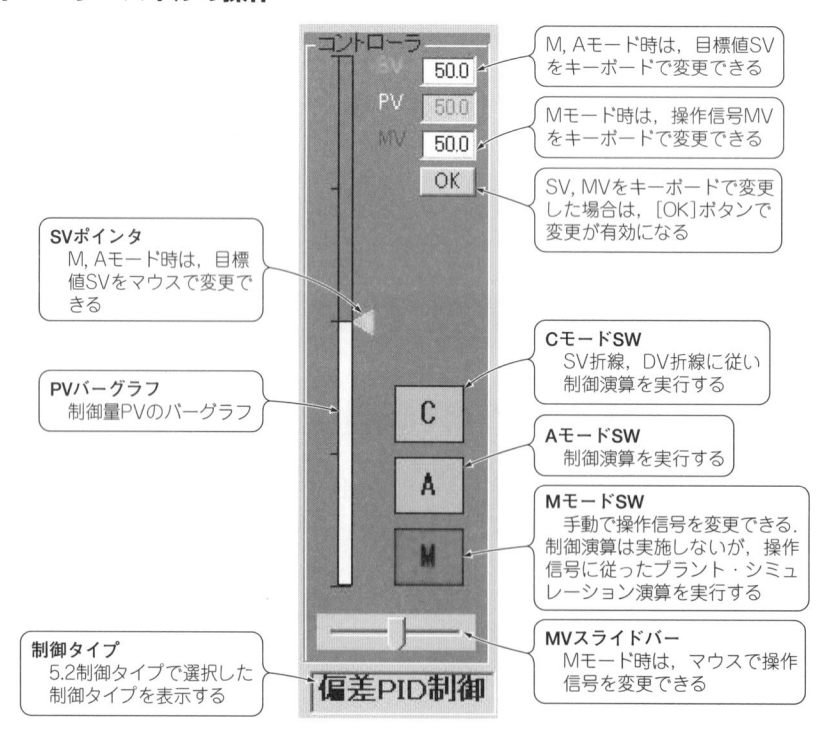

（コントローラパネルの詳細図と各部の説明）

- **M, Aモード時は，目標値SVをキーボードで変更できる**
- **Mモード時は，操作信号MVをキーボードで変更できる**
- **SV, MVをキーボードで変更した場合は，[OK]ボタンで変更が有効になる**
- **SVポインタ**
  M, Aモード時は，目標値SVをマウスで変更できる
- **PVバーグラフ**
  制御量PVのバーグラフ
- **CモードSW**
  SV折線，DV折線に従い制御演算を実行する
- **AモードSW**
  制御演算を実行する
- **MモードSW**
  手動で操作信号を変更できる．制御演算は実施しないが，操作信号に従ったプラント・シミュレーション演算を実行する
- **MVスライドバー**
  Mモード時は，マウスで操作信号を変更できる
- **制御タイプ**
  5.2制御タイプで選択した制御タイプを表示する

5.2 外乱手動操作

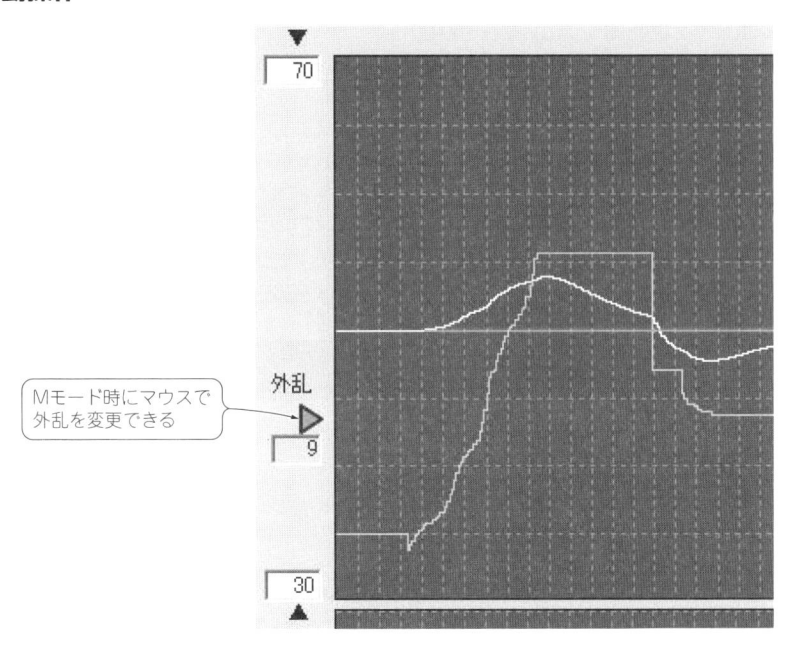

Mモード時にマウスで外乱を変更できる

5.3 グラフ表示レンジ変更操作

グラフの表示レンジを設定します．

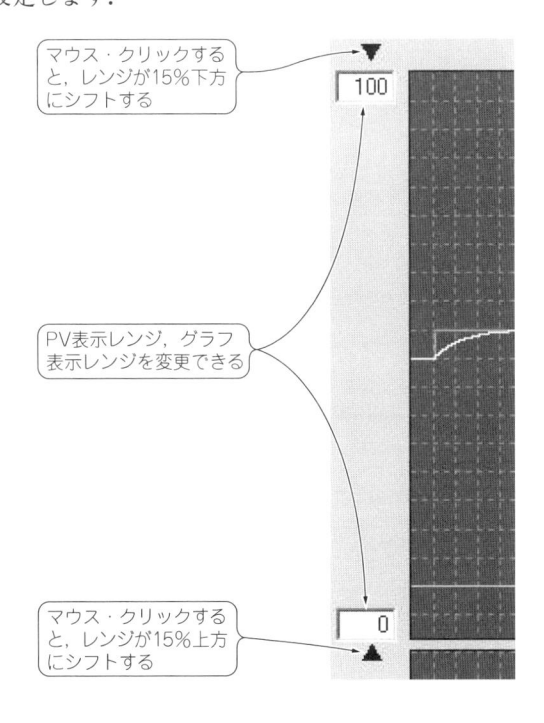

マウス・クリックすると，レンジが15%下方にシフトする

PV表示レンジ，グラフ表示レンジを変更できる

マウス・クリックすると，レンジが15%上方にシフトする

5. コントローラ・パネルの操作説明

・上限レンジ(%) RH (設定範囲：−100.0〜100.00 ただし，RL＜RH)
・下限レンジ(%) RH (設定範囲：−100.0〜100.00)

5.4 グラフ表示時間変更操作

グラフの表示時間を設定します．

・グラフ表示時間(秒) TM (設定範囲：1〜300)

5.5 レンジ自動，ペン色自動，グラフ選択 操作

レンジ自動シフト
グラフ表示を終えると，レンジを15％シフトする．
シミュレーション結果をずらして比較する場合に使う

ペン色自動
グラフ表示を終えると，ペン色を自動変更する．
シミュレーション結果重ねて比較する場合に使う

ペン色選択
制御量PVのペン色およびバーグラフ表示色を選択する．
ペン色自動のときは，順次自動変更する

グラフ切り替え
このシミュレータは，2枚のグラフを記録できる．
オプション・ボタンによりグラフの切り替えを行う

5.6 トレンド・グラフ操作

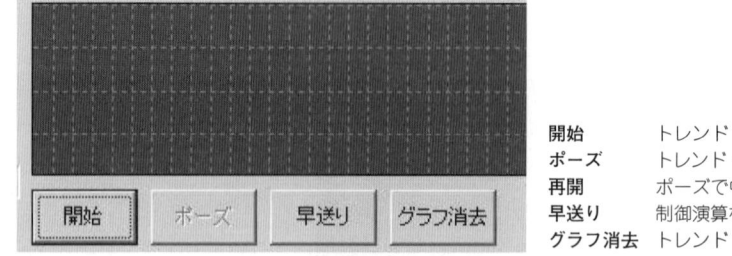

開始	トレンド・グラフの記録を開始する
ポーズ	トレンド・グラフの記録，ならびに制御演算を中断する
再開	ポーズで中断した記録・演算を再開する
早送り	制御演算ならびにトレンド描写を早送りする
グラフ消去	トレンド・グラフを消去する

注意：早送り中は，グラフの再描画(AutoRedraw)を行わないので，コントローラ・パネル画面がほかの画面と重なるとグラフの一部が消えることがあります．

5.6 ハードコピー

現在の画面をコピーし，ビットマップ・ファイルを作ります．

注：Windows Vista，Windows 7，Windows 10では
　　ハードコピー機能は使用できません．

6．SV折線，DV折線の操作説明

SV折線，DV折線　呼出操作で，以下のような画面が表示されます．

折線は，9ポイント8折線まで登録できます．データをブランクとするとブランク直前の値が，最後まで設定されたものとみなします．データ変更後は，［更新］ボタンを押すと値が反映されます．なお縦軸，横軸の表示レンジは，コントローラ・パネルで設定した値となります．

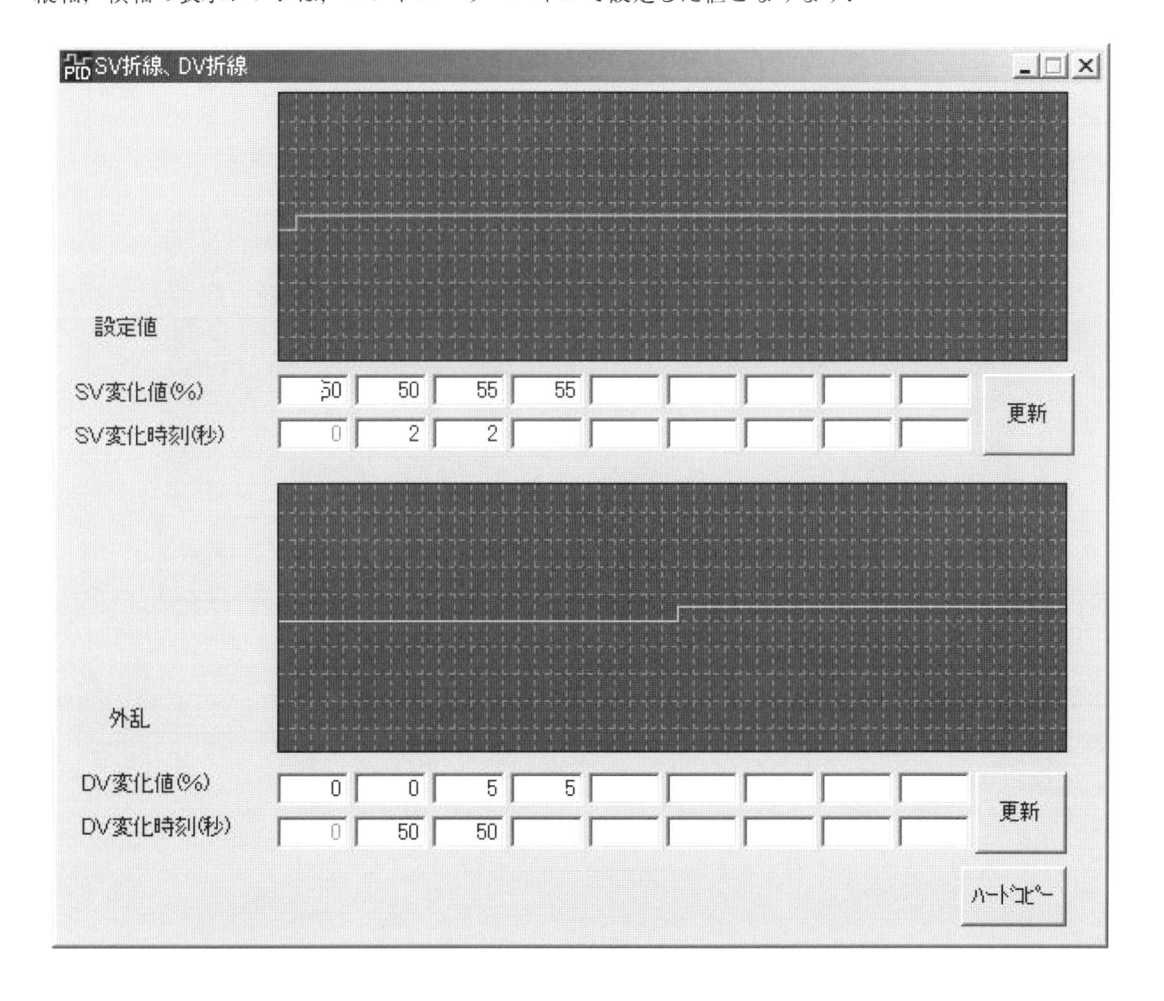

6.1 ランプ状の設定方法

設定ポイントを直線で結ぶので，以下のような設定を行うとランプ（傾斜）状の設定が可能です．

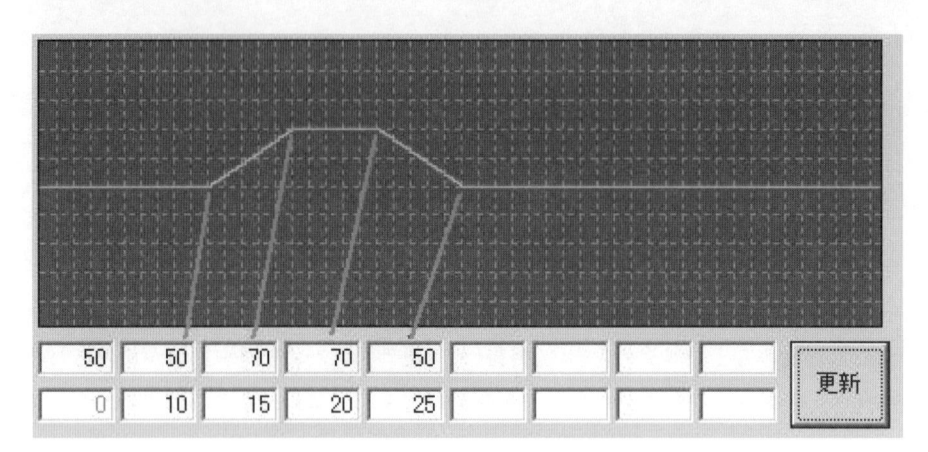

6.2 ステップ状の設定方法

ステップ上の変化をさせる場合は，同じ時刻にしてステップ変化させたい値を設定します．

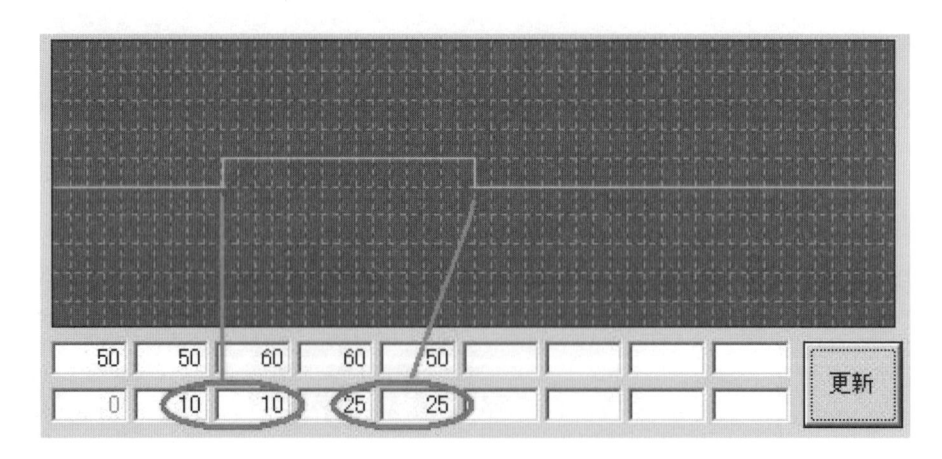

7．ペン・レコーダの操作説明

ペン・レコーダ　呼出操作で，以下のような画面が表示されます．

この画面は，4隅のいずれかをマウス・ドラッグすることで画面のサイズを変えることができます．

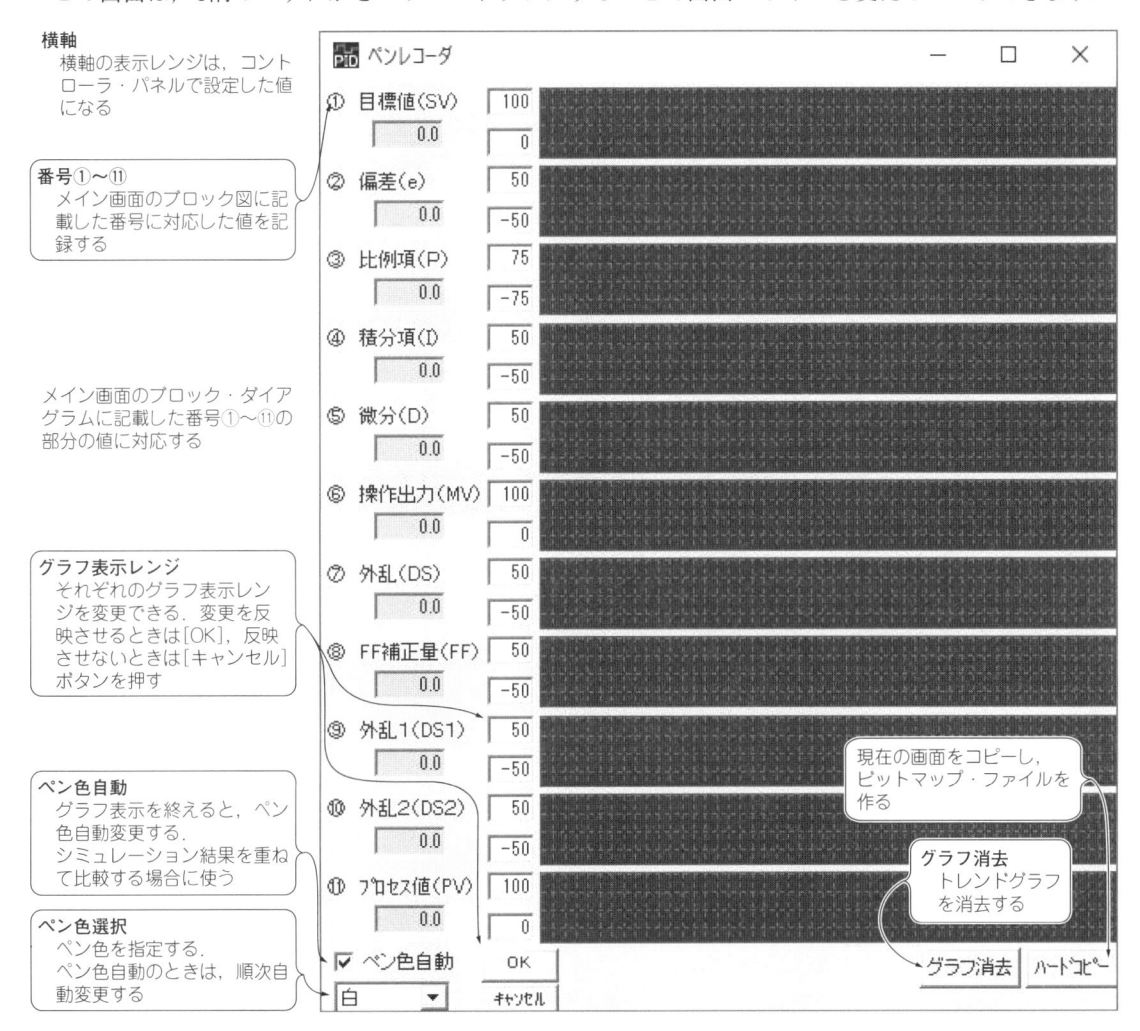

横軸
横軸の表示レンジは，コントローラ・パネルで設定した値になる

番号①～⑪
メイン画面のブロック図に記載した番号に対応した値を記録する

メイン画面のブロック・ダイアグラムに記載した番号①～⑪の部分の値に対応する

グラフ表示レンジ
それぞれのグラフ表示レンジを変更できる．変更を反映させるときは[OK]，反映させないときは[キャンセル]ボタンを押す

ペン色自動
グラフ表示を終えると，ペン色自動変更する．シミュレーション結果を重ねて比較する場合に使う

ペン色選択
ペン色を指定する．ペン色自動のときは，順次自動変更する

現在の画面をコピーし，ビットマップ・ファイルを作る

グラフ消去
トレンドグラフを消去する

8．ハードコピー画像の操作説明

ハードコピー画像　呼出操作で，以下のような画面が表示されます．

注：Windows Vista，Windows 7，Windows 10ではハードコピー機能は使用できません．

[ハードコピー画面選択ダイアログ]

- 開く：ダブルクリックまたは [開く] 選択したビットマップ・ファイルを開く
- 削除：選択したビットマップ・ファイルを削除する

注▶ 保存ファイル名は，年月日時分秒 YYMMDDHHMMSS.BMPとなる

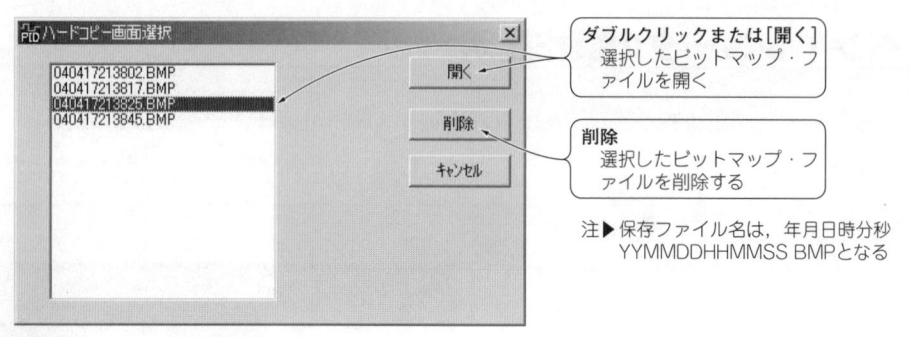

9. 学習機能の操作説明

ヒント：学習機能では，処理が完了するとビープ音が鳴り，次に操作すべきボタンが，自動的にアクティブポイントになります。このため，ビープ音が鳴るタイミングでEnterキーを操作すると，次々と学習を進めることができます。また，「学習機能」画面右下の最大表示をチェックしておくとコントロー

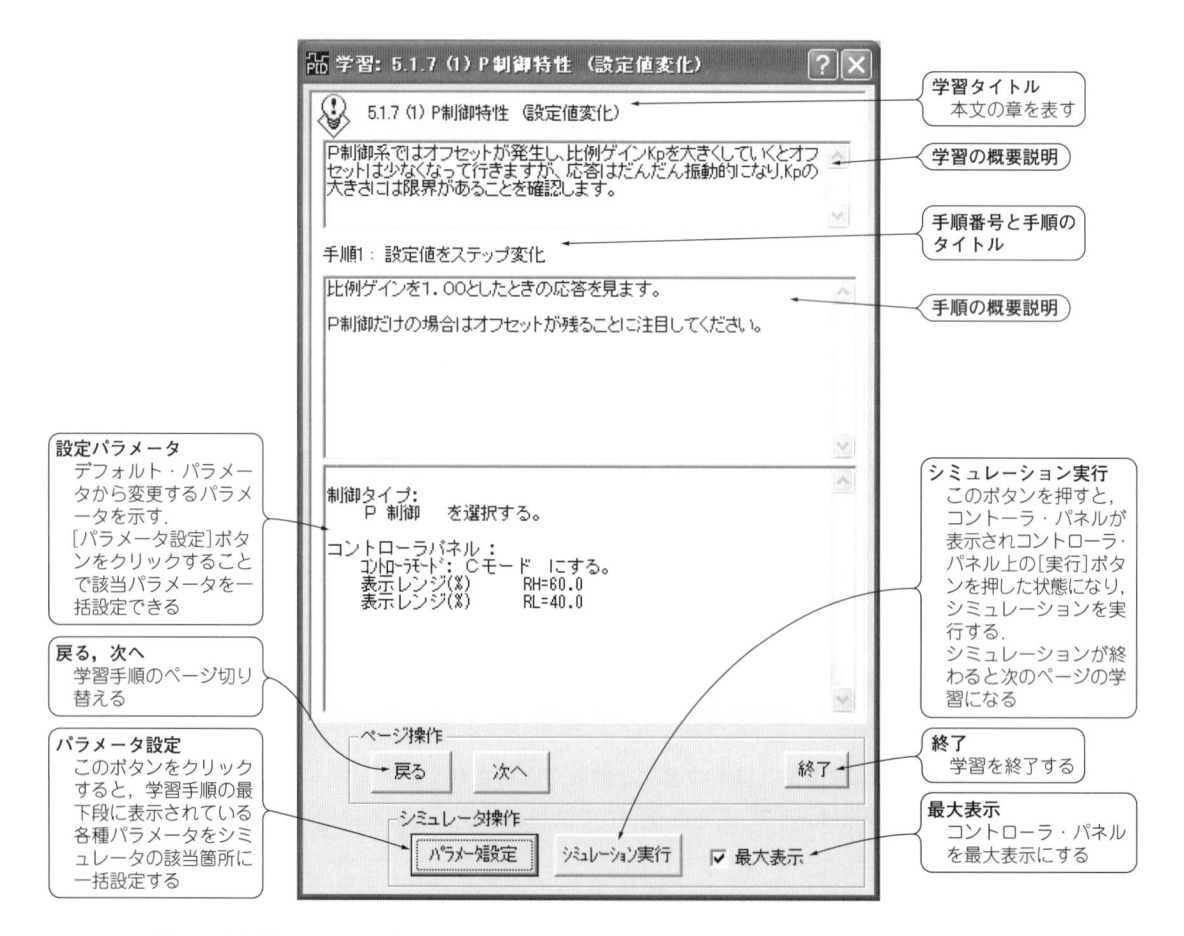

[学習画面の説明]

- 学習タイトル：本文の章を表す
- 学習の概要説明
- 手順番号と手順のタイトル
- 手順の概要説明
- 設定パラメータ：デフォルト・パラメータから変更するパラメータを示す。[パラメータ設定]ボタンをクリックすることで該当パラメータを一括設定できる
- 戻る，次へ：学習手順のページ切り替える
- パラメータ設定：このボタンをクリックすると，学習手順の最下段に表示されている各種パラメータをシミュレータの該当箇所に一括設定する
- シミュレーション実行：このボタンを押すと，コントローラ・パネルが表示されコントローラ・パネル上の[実行]ボタンを押した状態になり，シミュレーションを実行する。シミュレーションが終わると次のページの学習になる
- 終了：学習を終了する
- 最大表示：コントローラ・パネルを最大表示にする

学習: 5.1.7 (1) P制御特性 (設定値変化)

5.1.7 (1) P制御特性 (設定値変化)

P制御系ではオフセットが発生し，比例ゲインKpを大きくしていくとオフセットは少なくなって行きますが，応答はだんだん振動的になり，Kpの大きさには限界があることを確認します。

手順1：設定値をステップ変化

比例ゲインを1.00としたときの応答を見ます。

P制御だけの場合はオフセットが残ることに注目してください。

制御タイプ：
　P 制御　を選択する。
コントローラパネル：
　コントローラモード： Cモード にする。
　表示レンジ(%)　RH=60.0
　表示レンジ(%)　RL=40.0

ラ画面が最大表示されます.

9.1 学習機能画面の説明

学習機能の呼出操作で,以下のような画面が表示されます.

9.2 学習機能の使い方

「学習機能」画面を呼び出した直後は,[パラメータ設定]ボタンがアクティブポイントになっています(右図).

表示されている学習内容(目的,手順,設定パラメータ)を確認し,[パラメータ設定]ボタンを押すと,画面に表示されているパラメータが自動的に設定されメイン画面が表示されます.

自動設定されたパラメータが,黄色で表示されますので,変更箇所を確認し,[学習表示]ボタンを押すと(下図),変更パラメータが有効になり「学習機能画面」に戻ります.

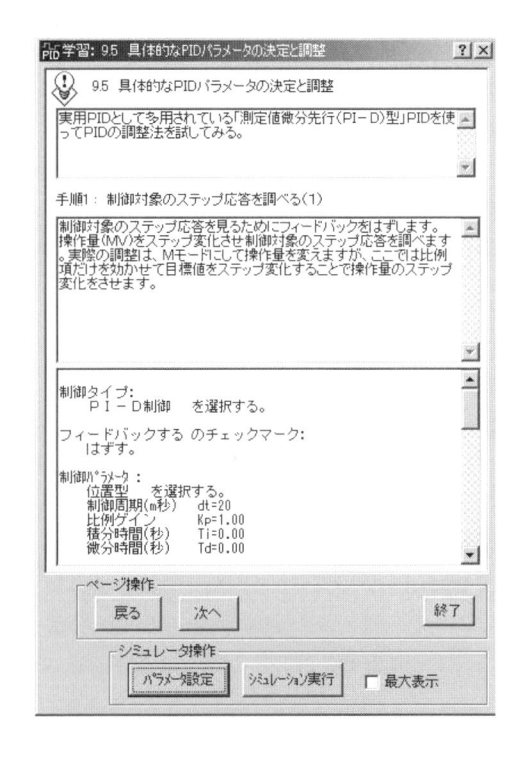

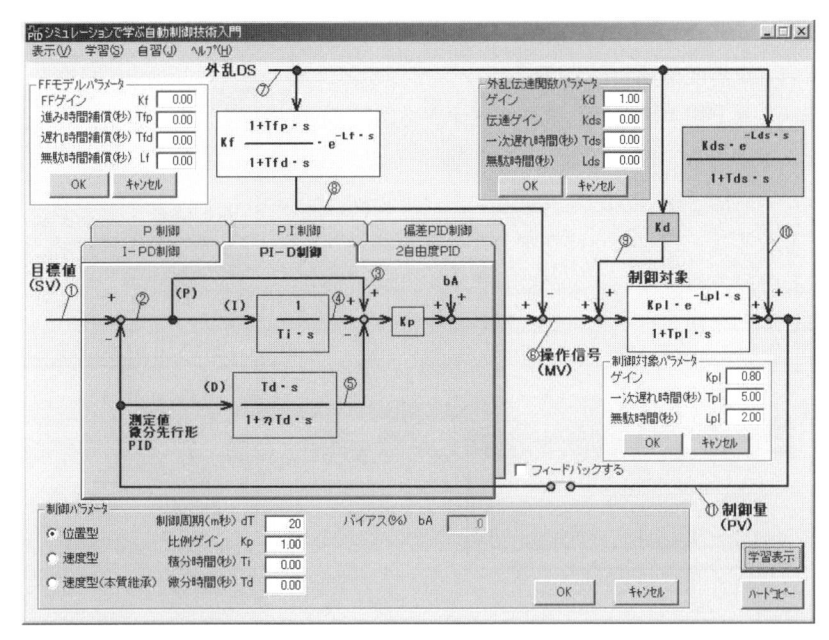

9. 学習機能の操作説明　165

［シミュレーション実行］ボタンを押すと（右図），「コントローラ画面」が表示されシミュレーションが実行されます．

　シミュレーションは，実時間（グラフ表示時間が30秒ならば，30秒で終了）で実行されますが，［早送り］ボタンを押すと高速処理が可能です（左下図）．シミュレーションが終わると画面右下に［学習表示］ボタンが現れます（右下図）．

　［学習表示］ボタンを押すと，「学習機能画面」に戻り，［次へ］ボタンがアクティブポイントになっています．

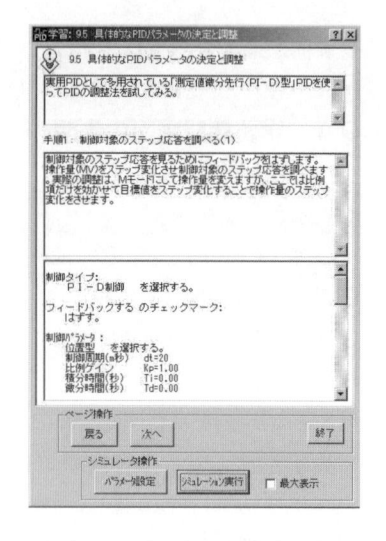

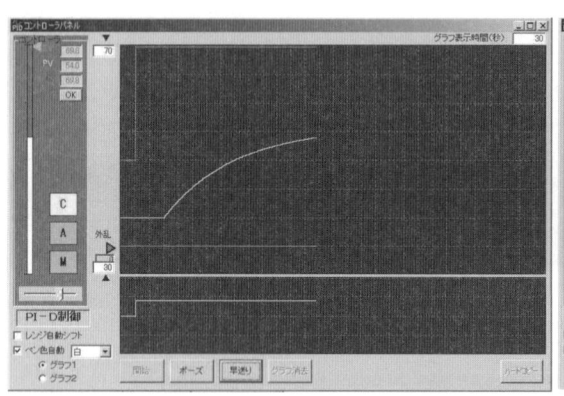

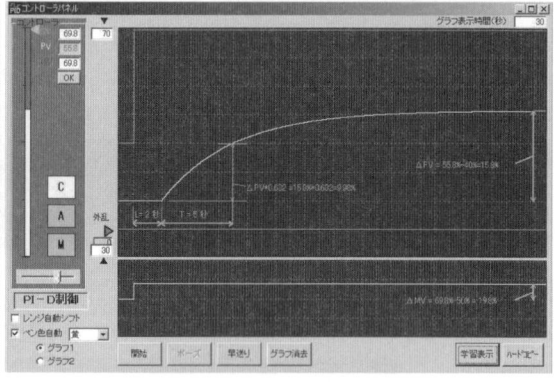

　実行した学習内容を再度確認し，［次へ］ボタンを押すと，次の学習内容が表示され上記手順が繰り返されます（右図）．

　学習の最後まで終わると，学習で設定したパラメータを初期値に戻すかどうかの確認メッセージを表示します（下図）．今のパラメータを残したまま，自分なりに動かしたい場合は，「いいえ」を選択し，それ以外は「はい」を選択します．「はい」を選択した場合は，起動時の初期パラメータに戻ります．

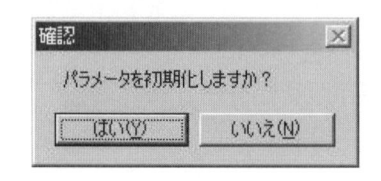

付録　本書付属シミュレータの説明

10. 自習機能の操作説明

自分で試したシミュレーションをプロジェクトとして保存し，後でそのときのシミュレーションを再現させる機能です．プロジェクトの目的やコメントを任意に入力できるほか，デフォルト値から変更したパラメータ値を記憶するので，後から何度でもシミュレーションを再現することができます．

10.1 新しいプロジェクト

右図のようにメニューバーから［新しいプロジェクト］を選ぶと，プロジェクトを保存するファイル名が表示されます．デフォルトのファイル名は，P年月日連番 PYYMMDD***.txt となります．このファイル名は，任意に変更することができます．［OK］をクリックすると10.3の自習プロジェクト登録・実行画面が表示されます．

10.2 プロジェクトを開く

右図のようにメニューバーから［プロジェクトを開く］を選ぶと，プロジェクトを保存しているファイル名の選択ダイアログが表示されます．［OK］をクリックすると10.3の自習プロジェクト登録・実行画面が表示されます．

10.3 自習プロジェクト登録・実行画面

この画面は，「9. 学習機能の操作説明」で示した実行機能のほかに，プロジェクトの目的やコメントを任意に入力できるほか，デフォルト値から変更したパラメータ値を登録することができます．

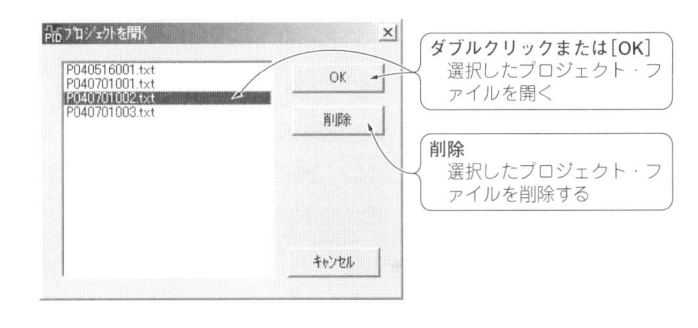

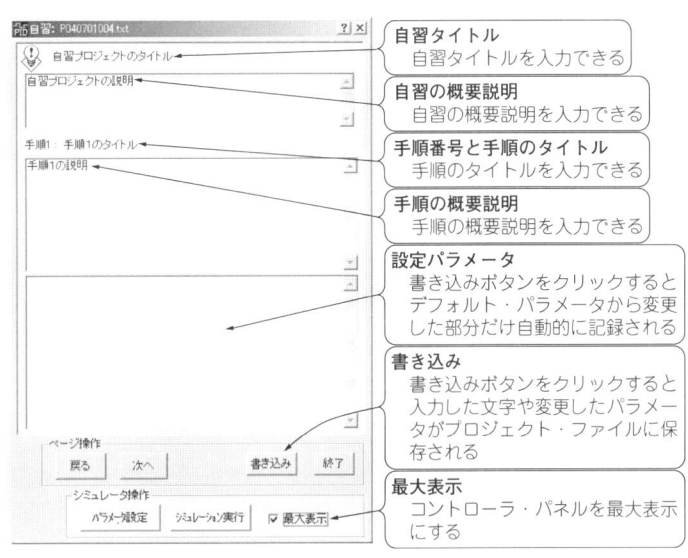

シミュレーション事例：目標値追従特性比較

シミュレーション事例：目標値追従特性比較

「偏差PID制御」，「PI-D制御」（測定値微分先行形PID制御），「I-PD制御」（測定値比例微分先行形PID制御）および「2自由度PID制御」の四つの方式について，下記条件で外乱抑制特性最適の場合の目標値追従特性のシミュレーションをして比較してください．

制御対象特性 $G_p(s) = \dfrac{1}{1+5s} e^{-2s}$ （時間単位：秒）

外乱抑制最適PIDパラメータ値：比例ゲイン　K_p=3.04

積分時間　T_i=3.24（秒）

微分時間　T_d=0.86（秒）

「偏差PID制御」→「PI-D制御」→「I-PD制御」→「2自由度PID」の順にシミュレーションします．

［手順1］メイン画面を出し左端最上部に移動したのち，「制御対象パラメータ」の設定値を下記に設定し，「OK」をクリックします．

　　　ゲイン　　　　　　Kp1：1
　　　一次遅れ時間（秒）Tp1：5.00
　　　むだ時間（秒）　　Lp1：2.00

［手順2］メイン画面で「偏差PID制御」をクリックし，「制御パラメータ」を，

　　　制御周期（m秒）　dT ：20
　　　比例ゲイン　　　Kp ：3.04
　　　積分時間（秒）　TI ：3.24
　　　微分時間（秒）　Td ：0.86

と設定したのち，右側にある「OK」をクリックします．

［手順3］メイン画面で「表示」→「SV折線，DV折線」を選択します．

　　　SV設定値　　　50　50　55　55
　　　SV変化時刻　　0　 2　 2　 50

にセットし，右端の「更新」をクリックします．

　　　DV設定値　　　0　 0　 5　 5
　　　DV変化時刻　　0　26　26　50

にセットし，右端の「更新」をクリックします．

［手順4］メイン画面で「表示」→「コントローラ・パネル」を選択します．

［手順5］メイン画面の左端上部がクリックできるようにして，「コントローラ・パネル」を右側および下側に表示を最大に拡大します（重ね書きした後に拡大すると，最後の画面のみが残り，ほかは表示されないため）．

［手順6］「コントローラ・パネル」の目標値SVの上限レンジを65.0％，下限レンジを45.0％，グラフ表

示時間を50秒に設定します．また，左下の□ペン色自動のチェックボックスがチェックされていることを確認します．

[**手順7**]「コントローラ・パネル」のコントローラの「C」モードをクリックして選択したのち，「開始」ボタンをクリックすると，「偏差PID制御」のシミュレーションがスタートします．

[**手順8**] 手順7のシミュレーションが完了して，「開始」ボタンが点灯してから，バックのメイン画面の左端上部をクリックし，メイン画面を出して「PI-D制御」(測定値微分先行形PID制御)を選択してから，メイン画面右端外でバックの「コントローラ・パネル」画面上部をクリックして，「コントローラ・パネル」を出し，「開始」ボタンをクリックすると「PI-D制御」のシミュレーションがスタートします．

[**手順9**] 手順8のシミュレーションが完了して，「開始」ボタンが点灯してから，バックのメイン画面の左端上部をクリックし，メイン画面を出して「I-PD制御」(測定値比例微分先行形PID制御)を選択してから，メイン画面右端外でバックの「コントローラ・パネル」画面上部をクリックして，「コントローラ・パネル」を出し，「開始」ボタンをクリックすると「I-PD制御」のシミュレーションがスタートします．

[**手順10**] 手順9のシミュレーションが完了して，「開始」ボタンが点灯してから，バックのメイン画面の左端上部をクリックし，メイン画面を出して「2自由度PID」を選択して，次のように設定したのち，右側にある「OK」をクリックします．

    目標値フィルタ α：0.45
    目標値フィルタ β：1.35
    目標値フィルタ γ：0.00

メイン画面右端外でバックの「コントローラ・パネル」画面上部をクリックして，「コントローラ・パネル」を出し，「開始」ボタンをクリックすると「2自由度PID」のシミュレーションがスタートします．これでシミュレーションは終了です．

[**手順11**] 次に「ハードコピー」をクリックすると，画面がメモリ(ビットマップ)されます．このとき，保存ファイル名が表示されるのでメモしておきます．また「印刷しますか？」と聞かれますが，「いいえ」を選択します．

[**手順12**] ハードコピー画像を呼び出して，説明やコメントを入力し印刷して確認します．ハードコピー画像を呼び出すには，メイン画面で「表示」→「ハードコピー画像」をクリックします．さらに手順13以降のようにPower pointに変換し，説明やコメントを入力して印刷したり，プロジェクタを使っての説明などで活用します．

[**手順13**] Power Pointを開き，「新しいスライド」を用意します．ツールバーで「挿入」→「図(P)」→「ファイルから(F)」の順にクリックして，挿入したいシミュレーション結果のビットマップ・ファイルをクリックすると，bmp→pptに変換されます．

[**手順14**] 画面サイズを調整したのち，説明やコメントを入力します．

[**手順15**] 印刷をして確認します．

[**手順16**] 保存します．

以上の手順で作成したシミュレーション・チャートを次に示します．

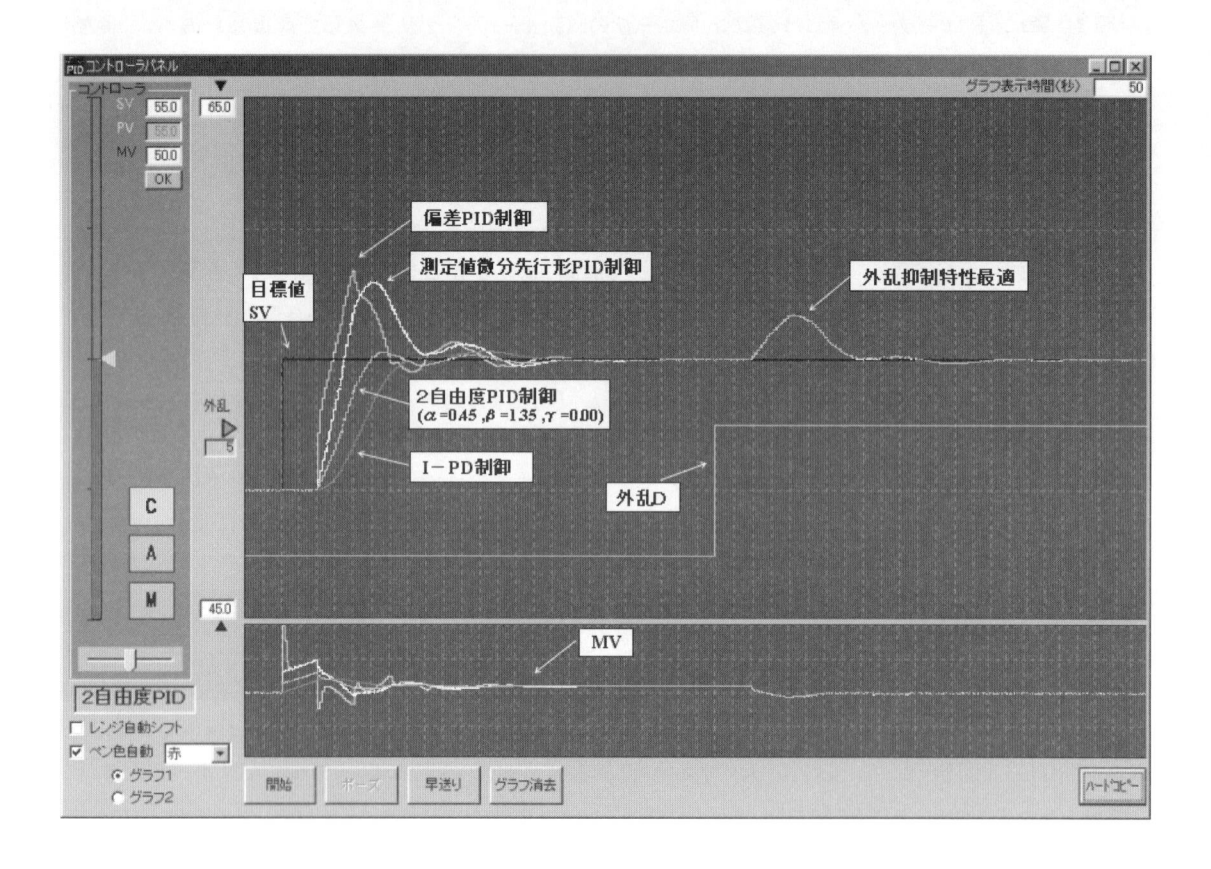

● 本シミュレータのバージョン・アップ版がCQ出版Webサイトよりダウンロードできます．

おわりに

　以上,「PID 制御/ディジタル制御技術を基礎から学ぶ　シミュレーションで学ぶ自動制御技術入門」と題して, PID 制御と PID 制御を用いた FB 制御に FF 制御を組み合わせて, FB 制御が外乱に弱いという原理的限界をブレークスルーする FF/FB 制御方式に焦点を絞って説明しました.

　PID 制御については, その基本・本質である PID 制御基本式がどのようにして生まれたかから説明をはじめて, 実用形態への工夫, PID パラメータの調整法, ディジタル化実装の工夫から最先端の完全 2 自由度 PID 制御までのその全貌を説明しました.

　さらに, アドバンスト制御の概要や基本的考え方について説明したのち, その代表例として, もっとも多く使用されている FF/FB 制御方式について詳述しました.

　文献や学識経験者の意見の中には「現代制御理論を分解していくと, 最後の構成要素として残るのは PID 制御と FF 制御である」または「PID 制御と FF 制御があれば, ほかの制御技術は不要である」という考え方があります. 筆者の長い制御の現場体験から見ても, 正しい方向を示したものと受け止めています. これは制御の世界では, PID 制御と FF 制御はもっとも基本的要素技術であるため, その本質を理解し, 効果と限界を知って正しく適用するとともに, 高度化していくことが求められているものと考えています.

　本書では「個別最適化」という新しい視点から, 完全 2 自由度 PID 制御および分離形ディジタル FF/FB 制御方式の有用性を説明しました. 一般に「すべてに適用できるものは, すべてに最適ではない」という名言があります. これは逆方向から見ると, 汎用性を維持しながら個別最適化することができれば, 一段と有効なものになるということです. 制御の世界では, PID 制御および FF/FB 制御は広く適用でき, それなりの制御性は得られるが, 個別的に見ると必ずしも最適になっていないという問題点がありました. この問題は, 従来の PID 制御や FF 制御が非常に硬い制御機能構造になっていて, 個別に最適化できないということに要因があったと考えています. 本書では, 完全 2 自由度 PID 制御および分離形ディジタル FF/FB 制御方式という形で, 制御機能を柔構造化することによって「個別最適化」への道を拓いています. これらの考え方を活用して機器, 装置およびシステムの性能のさらなる高度化を図っていただきたいと思います.

　最後に, 現在のように世界を舞台とした超競争社会では「現状維持, 即脱落」という言葉を肝に銘じながら, 新しい制御技術の開発, 新しい理論の実用化・汎用化に積極果敢にチャレンジし, 多角的に, そして持続的に性能限界を超え続けられることを期待しながら筆を置きます.

〈参考文献〉

1) 広井和男,「徹底分析Q＆A：0からはじめるPID制御」,『inフィールド夏号』, 工業技術社, 2002年.
2) 広井和男,『実用アドバンスト制御とその応用』, 工業技術社, 2000年.
3) 広井和男,「プロセス制御を解剖する」(第8回〜第31回),『計装』, 工業技術社, 1999年.
4) 広井和男,「ゼロから学ぶPID制御の基礎」(第1回〜),『計測技術』, 2003年7月号〜, 日本工業出版.
5) 木村英紀,『制御工学の考え方』, BLUE BACKS, 講談社, 2002年.
6) 松山裕,『自動制御のおはなし』, 日本規格協会, 1999年.
7) 藤田威雄,『システム工学に基づいたプロセス計装の考え方と進め方』, 日本計装工業会, 1982年.
8) 大島康次郎,『自動制御用語事典』, オーム社.
9) 示村悦二郎,『自動制御とは何か』, コロナ社, 1990年.
10) 須田信英ほか,『PID制御』, 朝倉書房, 1992年.
11) 広井和男,『ディジタル計装制御システムの基礎と応用』, 工業技術社, 1992年.
12) 広井和男, 特許第2531796号,「調節装置」(外国特許取得国：米, 独, 仏, 英, 豪), 特許権者：東芝(本質継承・速度形ディジタルPID演算方式に関する特許).
13) 広井和男, 特許第2772106号,「2自由度調節装置」(外国特許取得国：米, 独, 仏, 英, 豪, 印), 特許権者：東芝(完全2自由度PID制御方式に関する特許).

索 引

■ 記号・数字 ■

1次調節計 ･････････････････ 137
1自由度PID制御 ･･････････ 93, 111
1自由度PID制御方式 ･････････ 102
1次容量系 ･･････････････････ 56
1入力1出力システム ･･････････ 35
2次調節計 ･･･････････････ 137
2自由度PID制御 ･･･････ 96, 111
2自由度PID制御方式 ･････････ 102

■ A ■

A-D変換器 ･････････････････ 73

■ C ■

CHR法 ････････････････ 101, 107

CIE統合制御システム ････････ 72
control ･････････････････････ 15
C_V値 ･･････････････････････ 31

■ D ■

D-A変換器 ･･････････････････ 73

■ F ■

FF/FB制御 ･･････････････････ 13

■ I ■

I制御 ･･･････････････････ 45
I−PD制御 ･･･････････････ 66
IAE ････････････････････ 94
ideal derivative ･････････････ 61

IE ·················· 94
ISE ················· 94
ISTAE ··············· 94
ISTSE ··············· 95
ITAE ············ 94, 119
ITSE ················ 95

■ L ■
lagged derivative ········ 61

■ O ■
off-set ·············· 39

■ P ■
P制御 ··············· 38
PID制御 ·········· 13, 18
PI-D制御 ············ 65
PID制御基本式 ······ 16, 52
PI制御式 ············· 45
PLC ················ 72
PLC計装 ············· 72

■ Z ■
Ziegler & Nichols法 ···· 99, 107

■ ア行 ■
行き過ぎ時間 ············ 93
行き過ぎ量 ············· 92
イコール%特性 ··········· 31
位置形演算 ············· 75
応答速度法 ············· 99
オーバシュート ··········· 93
オフセット ········· 17, 39

■ カ行 ■
外乱抑制特性 ····· 64, 91, 119
カスケード制御 ········· 137
完全2自由度PID制御 ····· 117
完全微分 ·············· 61
逆ラプラス変換 ·········· 56
均流制御 ·············· 68
ゲイン・スケジューリング形FF/FB制御方式
 ················ 146
限界感度法 ········ 19, 100
原関数 ··············· 56
減衰比 ··············· 93
現代制御理論 ··········· 35
固有流量特性 ··········· 31
混合型プロセス ····· 139, 143

■ サ行 ■
サーボメカニズム ········ 22
実用・干渉形PID ········ 61
実用・非干渉形PID ······· 61
自動制御 ·········· 15, 24
自動制御系 ············ 25
手動制御 ·········· 15, 24
手動制御系 ············ 25
上下限制限 ············ 82
シングル・ループ形ディジタル・コントローラ
 ················· 72
ステップ応答法 ······ 19, 99
スレーブ調節計 ········· 137
制御 ················ 15
制御系 ··············· 25
制御対象 ············· 26
制御量 ··············· 26
整定時間 ············· 93

索引　173

静特性 ・・・・・・・・・・・・・・・・ 39	非混合型プロセス ・・・・・・・・・・・・ 139
積分時間 ・・・・・・・・・・・・・・・・ 45	微分時間 ・・・・・・・・・・・・・・・・ 52
積分動作 ・・・・・・・・・・・・・・・・ 17	微分制御 ・・・・・・・・・・・・・・・・ 51
積分プロセス ・・・・・・・・・・・ 43, 68	微分動作 ・・・・・・・・・・・・・・・・ 17
像関数 ・・・・・・・・・・・・・・・・ 56	比例動作 ・・・・・・・・・・・・・・・・ 17
相互干渉 ・・・・・・・・・・・・・・・・ 35	フィードバック制御 ・・・・・・・・ 16, 21
操作端 ・・・・・・・・・・・・・・・・ 30	フィードバック制御系 ・・・・・・・・・・ 17
測定値微分先行形PID制御 ・・・・・・・ 65	フィードフォワード制御 ・・・・・・・・・ 21
測定値比例微分先行形PID制御 ・・・・・・ 65	不完全2自由度PID制御 ・・・・・・・・ 117
速度形演算 ・・・・・・・・・・・・・・ 75	不完全微分 ・・・・・・・・・・・・・・ 61
	プロセス制御 ・・・・・・・・・・・・・ 21
■ タ行 ■	ブロック ・・・・・・・・・・・・・・・ 33
多変数システム ・・・・・・・・・・・・ 35	ブロック線図 ・・・・・・・・・・・・・ 33
単峰性最適点 ・・・・・・・・・・・・ 119	分散形DDC ・・・・・・・・・・・・・ 71
調整則 ・・・・・・・・・・・・・・・・ 97	閉ループ制御 ・・・・・・・・・・・・・ 16
調節計 ・・・・・・・・・・・・・・・・ 30	変化率制限 ・・・・・・・・・・・・・・ 82
調節弁 ・・・・・・・・・・・・・・・・ 30	偏差PID制御 ・・・・・・・・・・・・・ 63
定位プロセス ・・・・・・・・・・・・・ 67	本格的DCS ・・・・・・・・・・・・・・ 72
定常偏差 ・・・・・・・・・・・・ 17, 39	
定性的評価指標 ・・・・・・・・・・・・ 92	■ マ行 ■
定量的評価指標 ・・・・・・・・・・・・ 92	マスタ調節計 ・・・・・・・・・・・・ 137
伝達関数 ・・・・・・・・・・・・・・・ 57	無定位プロセス ・・・・・・・・・・・・ 68
等価ゲイン K ・・・・・・・・・・・・・ 98	目標値追従特性 ・・・・・・・ 64, 91, 119
等価時定数 T ・・・・・・・・・・・・・ 98	
等価むだ時間 L ・・・・・・・・・・・・ 98	■ ヤ行 ■
動特性 ・・・・・・・・・・・・・・・・ 38	有効流量特性 ・・・・・・・・・・・・・ 31
■ ナ行 ■	■ ラ行 ■
濃度制御 ・・・・・・・・・・・・・・ 143	ラプラス演算子 ・・・・・・・・・・・・ 56
	ラプラス変換法 ・・・・・・・・・・・・ 55
■ ハ行 ■	リセット・ワインドアップ ・・・・・・・ 89
パソコンDCS ・・・・・・・・・・・・・ 72	リニア特性 ・・・・・・・・・・・・・・ 31
ピーク時間 ・・・・・・・・・・・・・・ 93	

〈著者略歴〉

広井　和男（ひろい・かずお）

1960年4月　㈱東芝入社．鉄鋼，化学，電力，上下水道，食品など多数の分野の設計，エンジニアリングを担当し，設計課長，技術課長，設計部長，主幹，技監を歴任．(社)計測自動制御学会常務理事．名古屋工業大学非常勤講師(1986年～2000年)．

現在　　　ワイド制御技術研究所　所長
　　　　　工学博士(京都大学)，(社)計測自動制御学会フェロー

おもな著書　『ディジタル計装制御システムの基礎と応用』，工業技術社
　　　　　『制御システムの理論と応用』（編著），電気書院
　　　　　『PID制御』（システム制御情報学会編，共著），朝倉書房
　　　　　『実戦ディジタル制御技術』，工業技術社
　　　　　『実用アドバンスト制御とその応用』，工業技術社　など多数

宮田　朗（みやた・あきら）

1977年4月　西日本東芝計装㈱入社．上下水道，産業計装分野の設計，エンジニアリングを担当し，1983年東芝インターナショナルTULSAにて現地技術者の指導にあたる．帰国後は，計装制御のほか情報システムも手がけ，計装設計課長，情報システム設計課長を歴任．(社)計測自動制御学会員

現在　　　東芝ITコントロールシステム㈱システム＆コンポーネント開発センター　チーフスペシャリスト

おもな著書　「産業用コンピュータの応用例」，『計測技術』，2003年7月号，日本工業出版

- ●**本書記載の社名，製品名について** ── 本書に記載されている社名および製品名は，一般に開発メーカーの登録商標です．なお，本文中では™，®，©の各表示を明記していません．
- ●**本書掲載記事の利用についてのご注意** ── 本書掲載記事は著作権法により保護され，また産業財産権が確立されている場合があります．したがって，記事として掲載された技術情報をもとに製品化をするには，著作権者および産業財産権者の許可が必要です．また，掲載された技術情報を利用することにより発生した損害などに関して，CQ出版社および著作権者ならびに産業財産権者は責任を負いかねますのでご了承ください．
- ●**本書付属のCD-ROMについてのご注意** ── 本書付属のCD-ROMに収録したプログラムやデータなどは著作権法により保護されています．したがって，特別の表記がない限り，本書付属のCD-ROMの貸与または改変，個人で使用する場合を除いて複写複製（コピー）はできません．また，本書付属のCD-ROMに収録したプログラムやデータなどを利用することにより発生した損害などに関して，CQ出版社および著作権者は責任を負いかねますのでご了承ください．
- ●**本書に関するご質問について** ── 文章，数式などの記述上の不明点についてのご質問は，必ず往復はがきか返信用封筒を同封した封書でお願いいたします．ご質問は著者に回送し直接回答していただきますので，多少時間がかかります．また，本書の記載範囲を越えるご質問には応じられませんので，ご了承ください．
- ●**本書の複製等について** ── 本書のコピー，スキャン，デジタル化等の無断複製は著作権法上での例外を除き禁じられています．本書を代行業者等の第三者に依頼してスキャンやデジタル化することは，たとえ個人や家庭内の利用でも認められておりません．

JCOPY 〈出版者著作権管理機構 委託出版物〉
本書の全部または一部を無断で複写複製（コピー）することは，著作権法上での例外を除き，禁じられています．本書からの複製を希望される場合は，出版者著作権管理機構（TEL：03-5244-5088）にご連絡ください．なお，本書付属CD-ROMの複写複製（コピー）は，特別の表記がない限り許可いたしません．

- ●本シミュレータのバージョン・アップ版がCQ出版Webサイトよりダウンロードできます．

シミュレーションで学ぶ自動制御技術入門　　　　CD-ROM付き

2004年10月1日　初版発行
2023年 2月1日　第10版発行

© 広井和男/宮田 朗 2004
（無断転載を禁じます）

著　者　広　井　和　男
　　　　宮　田　　　朗
発行人　櫻　田　洋　一
発行所　CQ出版株式会社
〒112-8619　東京都文京区千石4-29-14
☎03-5395-2122（編集）
☎03-5395-2141（販売）

ISBN978-4-7898-3713-2
定価はカバーに表示してあります

乱丁，落丁本はお取り替えします

編集担当者　相原 洋
DTP　㈲新生社
印刷・製本　三共グラフィック㈱
Printed in Japan